Reihe Amateurfunk-Praxis Band 5
KW-Drahtantennen — selbst gebaut

Amateurfunk-Praxis Band 5

Eric T. Red

KW-
Drahtantennen
selbst gebaut

beam-verlag

ISBN-3-88976-016-3

Copyright 1986 beam-Verlag
Dipl.-Ing. Reinhard Birchel, Marburg
Alle Rechte vorbehalten
Einbandgestaltung: pb-Graphik
Satz und Reproduktionen: beam-Verlag

Druck: WB-Druck GmbH, Rieden b. Füssen
Printed in Germany

Vorwort

»Oben ohne« sind wir allemal stocktaub und sprachlos. Deshalb muß zunächst eine Antenne her. Unkompliziert soll sie sein, möglichst klein und QRPreiswert. Aber dennoch hinreichend effizient. Und, das ist klar, äußerst selbstbaufreundlich und wenn möglich auch portabelfähig.

Also rundherum ein Alleskönner. Genau davon wird dieses Buch ausführlich berichten. Mit den Bändern 160 bis 6 m als thematische Schwerpunkte; prinzipiell aber durchaus auch auf andere Frequenzen übertragbar. Es geht um Realisationen und Installationen, ohne theoretischen Ballast, stattdessen vor allem praxisorientiert. Und, selbstverständlich, auch für Newcomer »lesbar«.

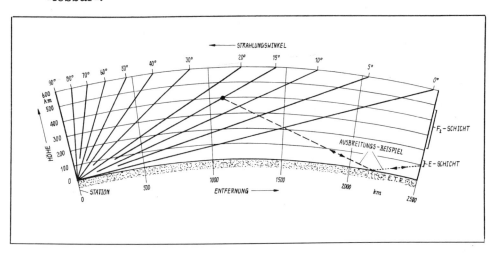

Bild 1: Schema der vorherrschend »sprunghaften« KW-Signalausbreitung Erdoberfläche/Ionosphäre/Erdoberfläche. Dieses Diagramm zeigt die erzielbaren Einzel-Sprungweiten in Abhängigkeit vom vertikalen Antennen-Strahlungswinkel und von den aktuellen Höhen der vermittelnden ionosphärischen Schichten. Letztere sind geografisch und zeitlich beeinflußt, und das E-Medium ist nur auf der sonnenbeschienenen Erdhälfte anzutreffen

Aus Bild 1 können wir erkennen, daß es im relativ kritischen und von daher »anspruchsvollen« Funkfernverkehr insbesondere um flache Antennen-Wirkwinkel geht und steilere Strahlungsanteile bestmöglichst zu unterdrücken sind. In Anbetracht optimaler Leistungsausbeute und Störarmut ist zudem zielspezifische Bündelung anzuraten, was die Notwendigkeit eines »multi-elementösen-DX-Bohrers« suggeriert — und prompt die Amateurkasse ins Schwitzen bringt...

Never say die! Denn es funktioniert auch deutlich schlichter. Beispielsweise — und nicht nur »fürs erste« — mittels eines ganz ordinären Stückes Draht. So ein Ding, kunstgerecht gestaltet und gerigged, ist im Kosten-Nutzen-Verhältnis unübertroffen, dabei erfahrungsgemäß sogar QRP-DX-tüchtig und vor dem Hintergrund sportlicher Portabel-Ambitionen gar ideal.

Inhalt

1. Halbwellen-Dipole 9

1.1 Der Horizontal-Dipol 9
1.2 Die Leitfähigkeit des Bodens 12
1.3 Strahlungs-Charakteristika des Horizontal-Dipols 15
1.4 Die Inverted-V-Antenne 18
1.5 Der Sloper 20
1.6 Speisepunkt-Impedanzen von Halbwellen-Dipolen ... 22

2. Monoband-Langdrähte 24

2.1 Bemessung von Langdrähten 24
2.2 Strahlungs-Charakteristika von Langdraht-Antennen ... 26
2.3 Speisepunkt-Impedanzen 30

3. Multiband-Drähte 32

3.1 Der FD 32
3.2 Kombinationen von FDs 34
3.3 Fazit 40

4. Anpassen und Speisen 42

4.1 Balun-Übertrager 42
4.2 Die Antennen-Speisung 44
4.3 Die Matchbox 47

5. Tips zum Selbstbau 48

5.1 Die Montage 49
5.2 Die Zentraleinheit am Antennenspeisepunkt 53

5.3 Das Balun-Gehäuse **54**
5.4 Die Beschichtung **56**
5.5 Die Montage der Dipoldrähte **56**

6. Mit 'ner Rauschbrücke unterm Arm   63

6.1 Schaltungsaufbau **67**
6.2 Meßanordnung **67**
6.3 Messung des Baluns **68**
6.4 Untersuchung der Speiseleitung **71**
6.5 Längentrimm der Strahler **75**

Wichtiger Hinweis:

Alle Schaltungen in diesem Buch werden ohne Rücksicht auf eventuelle Schutzrechte wiedergegeben und sind daher nur für den privaten Gebrauch bestimmt. Bei gewerblicher Nutzung ist zuvor gegebenenfalls eine Genehmigung einzuholen.

Die Zusammenstellung anhand der zur Verfügung stehenden Unterlagen erfolgte mit großer Sorgfalt, trotzdem sind eventuelle Fehler nicht auszuschließen. Der Verlag weist darauf hin, daß er keine Haftung für irgendwelche Folgen übernehmen kann, die auf fehlerhafte Angaben zurückzuführen sind. Für entsprechende Hinweise sind wir dankbar.

1. Halbwellen-Dipole

Sie weisen in der Familie der gemeinhin DX-tauglichen Antennen die geringsten Abmessungen auf. Zudem können diese Monobander — mit bedingter Multiband-Eignung — in »drahtiger« Ausführung durch unterschiedliche Orientierungen im Raum leicht den örtlichen Gegebenheiten angepaßt werden, wie beispielsweise gemäß Bild 1-1 als Horizontal-Dipol, Inverted-V und Sloper. Ihre durchweg mittig anzulegenden Speisepunkte sind elektrisch symmetrisch (Gegentakt) und bei 30 bis 90 Ohm Impedanz vorteilhaft niederohmig. In Verbindung mit einem desymmetrierenden Balun-Übertrager können wir koaxiales Speisekabel (Eintakt) verwenden.

1.1 Der Horizontal-Dipol

Aus Bild 1-2 gehen das Realisationsschema und der Längen-Bemessungsmodus eines Horizontal-Dipols hervor. Von der Natur der Sache her ist die per Formel ermittelte Drahtlänge nur als Näherung mit geringem Zuschlag zu verstehen, so daß Überprüfungen und Optimierungen — Allerwelts-Arbeiten mittels Rauschbrücke — unumgänglich sind.

Dieser Dipol bildet fernab der Erdoberfläche, also im praktisch ungestörten Freiraum, die in Bild 1-3 skizzierten Wirkcharakteristika aus. Wir haben hier Rundstrahlung senkrecht zur Achse unseres »Nervs« und Leistungs-Null in den beiden Achsrichtungen. Dabei erfaßt die angeführte Leistungs-Halbwertbreite jenen Wirkbereich, in dem sich die Hälfte der Sende- bzw. Empfangsenergie konzentriert.

In realistischer Bodennähe, d.h. in Höhen von Bruchteilen bis zu im äußersten Fall einigen wenigen Wellenlängen, kann sich der Wirkbereich naturgemäß lediglich oberhalb der Dipolachse ausbilden. Er ist dann aufgrund der Bodeneinflüsse in vertikale Minima und Maxima aufgefächert, von denen letztere aus Bild 1-4 mit Blick auf den Drahtquerschnitt winkelspezifisch für einige realitätsbezogen ausgewählte Höhen hervorgehen. Diese Maxima sind mit den auf

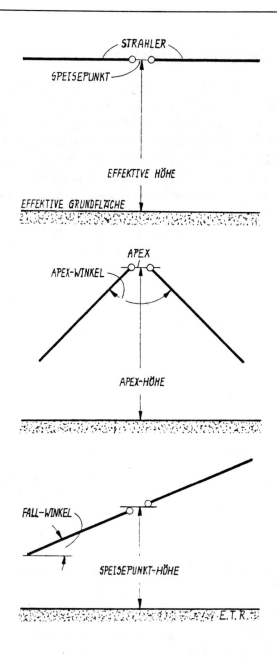

Bild 1-1: DX-typische Dipol-Orientierungen im Raum. Oben horizontal, in der Mitte als Inverted-V und unten als Sloper angeordnet

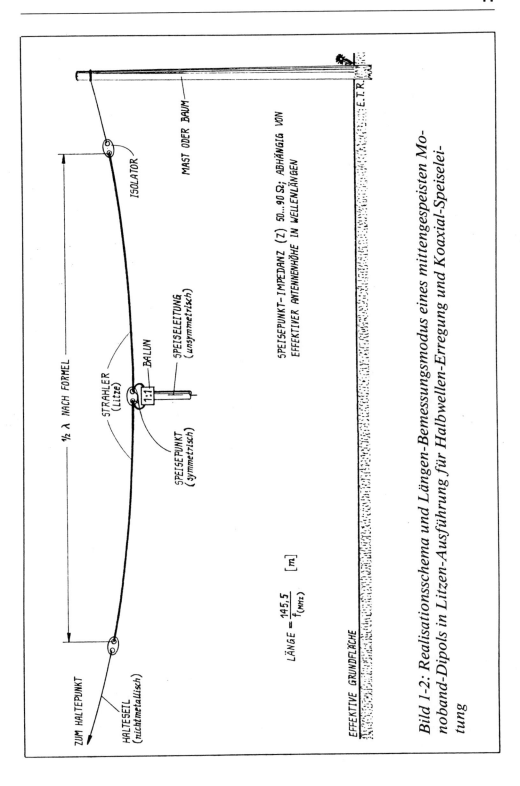

Bild 1-2: Realisationsschema und Längen-Bemessungsmodus eines mittengespeisten Monoband-Dipols in Litzen-Ausführung für Halbwellen-Erregung und Koaxial-Speiseleitung

die Erdoberfläche treffenden und von ihr reflektierten Sende- bzw. Empfangssignalen »energetisch angereichert« und greifen folglich teils bis zum Doppelten über den in Bild 1-3 skizzierten Wirkbereich hinaus. Dagegen ist die Oberflächennähe auf Leistungs-Halbwert und Strahlungsquerschnitt gemäß Bild 1-3 ohne nennenswerten Einfluß.

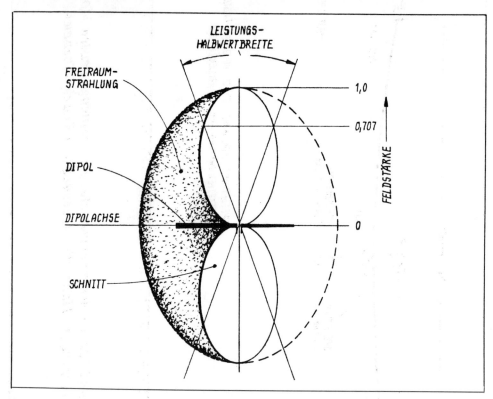

Bild 1-3: *Freiraum-Wirkcharakteristika eines Dipols gemäß Bild 1-2 im Halbschnitt. Durch Projektion der Schnittfläche auf die Erdoberfläche wird das senkrecht zur Dipolachse orientierte 8-förmige horizontale Strahlungsbild deutlich*

1.2 Die Leitfähigkeit des Bodens

Die in Bild 1-4 vorgestellten Vertikal-Diagramme beziehen sich auf elektrisch ideal leitenden Grund, also auf eine sich unterhalb sowie im Zuge einiger Wellenlängen in den beiden horizontalen Wirkrichtungen unseres Dipols erstreckende Metallfläche. Diese Bedingun-

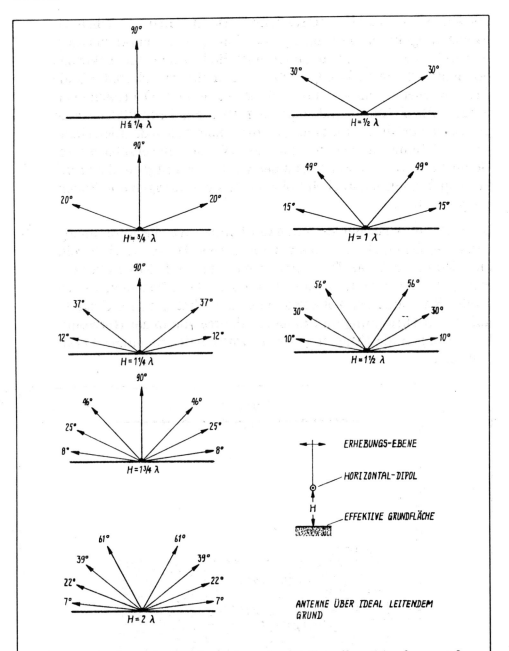

Bild 1-4: Bodennahe Wirkmaxima des Halbwellen-Dipols gemäß Bild 1-3 senkrecht zu seiner Achse, schematisiert dargestellt für einige realistisch ausgewählte Höhen über ideal leitendem Grund (Metall)

gen sind jedoch ziemlich unrealistisch. Denn zum einen haben wir es überwiegend mit nur mäßig leitendem, ja eher merklich dämpfenden Grund zu tun, zum anderen ist die leitende, d.h. elektrisch effiziente Ebene in Landgebieten allgemein gemäß Bild 1-5 als Grundwasser irgendwo unterhalb der sichtbaren Oberfläche verborgen. Als sichtbare und zugleich gutleitende Grundflächen sind praktisch nur Meere (Salzwasser) sowie, aber schon deutlich eingeschränkt, Süßwasser-Seen, regennasse Wiesen und stahlarmierter Beton zu werten. Ansonsten tappen wir leider weitgehend im Dunkel — man könnte natürlich Bohrungen niederbringen und Bodenproben ziehen...

In puncto elektrischer Leitfähigkeit können wir die Antennenbasen generell gemäß Bild 1-6 »abqualifizieren«. Dabei ist, wie bereits angedeutet, auch das Wirkungsvorfeld unseres Dipols zu berücksichtigen, und zwar um so »ausgreifender«, desto flacher seine vertikalen Strahlungswinkel ausfallen sollen. Weiträumiger Geländeabfall in Wirkrichtung und zudem Bodenfreiheit in der Horizontalen vermögen die Erhebungswinkel vorteilhaft um einiges herabzusetzen.

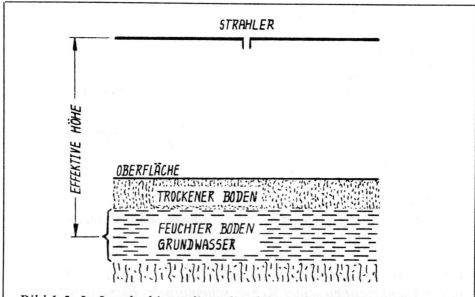

Bild 1-5: In Landgebieten liegt die elektrisch wirksame Antennen-Grundfläche zumeist als Grundwasser in einiger Tiefe verborgen, was zu »überraschenden« Wirkcharakteristika führen kann

Art und Typ des Untergrunds	Elektrische Leitfähigkeit des Untergrunds
Meerwasser, salzhaltig	Sehr gut, fast ideal
Süßwasser (die meisten Binnenseen) Regennasse Wiesen Stahlarmierter Beton	Gut
Tonboden Nasser Boden Marschboden Lehmboden	Mäßig (quantitativ häufig vorherrschend)
Wiesenboden Mäßig bewaldetes Flachland Trockener Boden	Unbefriedigend
Eis Steppenboden Durchfrorener Boden	Schlecht (sehr deutliche Dämpfung)

Bild 1-6: Praxisorientiertes über die elektrischen Qualitäten des Antennen-»Unterbaus« bezüglich Art und Typus

1.3 Strahlungs-Charakteristika des Horizontal-Dipols

Über mäßig leitendem Grund, d.h. in der allgemeinen Praxis, wird unser Horizontal-Dipol vertikale Strahlungs-Charakteristika entwickeln, wie sie in Bild 1-7 für einige realitätsbezogen ausgewählte Höhen angeführt sind; diese Diagramme muß man sich jeweils links seitenverkehrt »verdoppelt« vorstellen, entsprechend der beiden Horizontal-Wirkrichtungen. Die 0-dB-Linien gehen mit dem äußeren Umfang der Freiraumstrahlung (1,0-Feldstärke) in Bild 1-3 einher, auf die wir die positiven und negativen Leistungsverstärkungen in den Diagrammen zu beziehen haben. Man erkennt, daß hochwirksame DX-Flachstrahlung erst bei effektiven Dipolhöhen ab etwa 3/8 Lambda zustandekommt; Höhen, die sich mit abnehmender Betriebs-Wellenlänge, also zunehmender Frequenz, immer leichter erreichen lassen. Andererseits sind Installationen

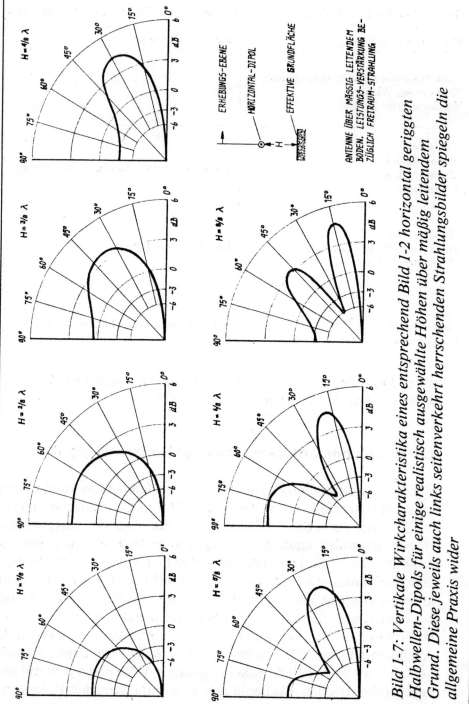

Bild 1-7: Vertikale Wirkcharakteristika eines entsprechend Bild 1-2 horizontal gerigten Halbwellen-Dipols für einige realistisch ausgewählte Höhen über mäßig leitendem Grund. Diese jeweils auch links seitenverkehrt herrschenden Strahlungsbilder spiegeln die allgemeine Praxis wider

oberhalb von 8/8 Lambda kaum sinnvoll, denn wie wir aus Bild 1-4 eindrucksvoll erfahren haben, wird dabei die Strahlung mehr und mehr aufgefächert. Das Resultat ist dann zunehmende Störempfindlichkeit, teilweise auch unbrauchbar hohe Vertikal-Richtschärfe.

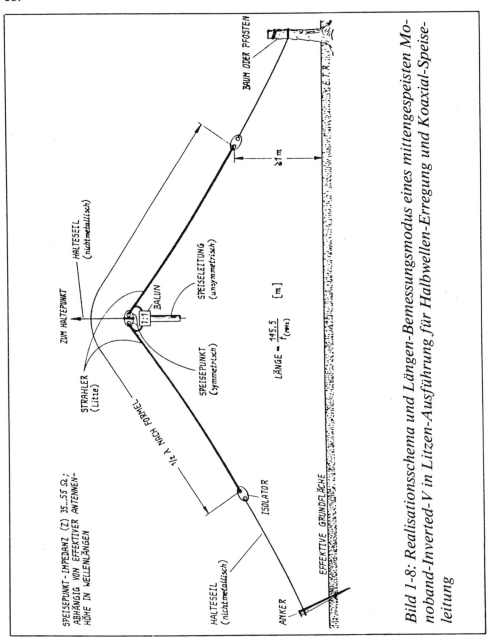

Bild 1-8: Realisationsschema und Längen-Bemessungsmodus eines mittengespeisten Monoband-Inverted-V in Litzen-Ausführung für Halbwellen-Erregung und Koaxial-Speiseleitung

1.4 Die Inverted-V-Antenne

Aus Bild 1-8 gehen das Realisationsschema und der Längen-Bemessungsmodus eines Inverted-V hervor. Der empfohlene Übergrund-Mindestabstand der Dipolschenkel von einem Meter resultiert aus der Tatsache, daß geringere Werte infolge zunehmender kapazitiver Bodeneffekte deutliche Verkürzungen der Schenkel bezüglich ihrer Formellänge notwendig machen, was beim eventuellen zukünftigen Riggen dieses Drahtes beispielsweise als Horizontal-Dipol dessen Resonanz nach oben aus dem Band shifted — zweimal abgeschnitten und immer noch zu kurz...

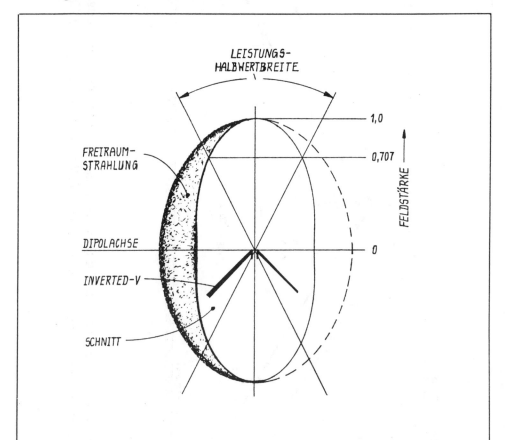

Bild 1-9: *Freiraum-Wirkcharakteristika eines Inverted-V gemäß Bild 1-8 bei 90 Grad Apex-Winkel im Halbschnitt. Durch Projektion der Schnittfläche auf die Erdoberfläche wird das senkrecht zur Dipolachse orientierte horizontale Strahlungsbild deutlich*

Der Inverted-V kann mit seinem Apex an einem Baum oder Mast angeschlagen werden, und auch ein winkelhalbierend mittig stehender metallischer Pol ist uneingeschränkt akzeptabel. Wenn letzterer in das Grundwasser hineinragt, können wir den Schirm des Koaxial-Speisekabels an seiner Verknüpfung mit dem Balun vorteilhaft erden; allerdings nur bei unabgestimmten Leitungen — wovon später noch zu reden sein wird.

In Bild 1-9 haben wir die Freiraum-Wirkcharakteristika unseres Inverted-V bei 90 Grad Apex-Winkel; ein schon aus Bild 1-3 bekannter Darstellungsmodus. Das angeführte Winkelmaß sollte als Mindestwert gelten, denn stärkere Faltung führt zu kugelähnlichen und zu-

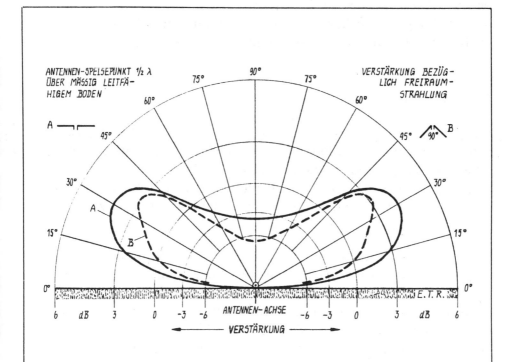

Bild 1-10: Vertikal-Wirkcharakteristika eines Inverted-V mit 90 Grad Apex-Winkel über dem Diagramm eines Horizontal-Dipols, jeweils bei Halbwellen-Bemessung, mäßig leitendem Grund und übereinstimmenden Speisepunkthöhen

dem wenig »ausgreifenden« Strahlungsbildern mit unzulänglicher DX-Effizienz.

Womit wir beim praktischen DX-Wert dieser häufig über den grünen Klee gelobten Dipol-Variante wären. Generell: Ein Inverted-V mit etwa 90 Grad Apex-Winkel ist bezüglich seines horizontal gestrecken Vetters bei übereinstimmenden Speisepunkthöhen um 1 bis 3 dB »schwächer« — erinnern wir uns: -3 dB entsprechen halbierter Sendeleistung bzw. dem Verlust eines halben S-Punktes; oder, etwas »halsbrecherisch« definiert, nur noch 71 Prozent der ursprünglichen Reichweite. Die Situation bessert sich mit zunehmender Winkelöffnung. Dazu haben wir in Bild 1-10 das Vertikal-Richtdiagramm eines 90 Grad-Inverted-V über dem eines Horizontal-Dipols bei gleichen Speisepunkthöhen und, in der Praxis, mäßiger Boden-Leitfähigkeit. In diesem Sinne und anhand Bild 1-7 lassen sich weitere spezifische Inverted-V-Qualifikationen abschätzen.

1.5 Der Sloper

Aus Bild 1-11 gehen das Realisationsschema und der Längen-Bemessungsmodus eines Slopers hervor. Die angeführte empfohlene Mindesthöhe des bodennahen Dipolschenkels ist gemäß der einschlägigen Aussagen zum vorangestellten Inverted-V begründet. Der Abspannwinkel sollte 45 Grad nicht überschreiten, da es sonst zu DX-nachteiliger Rundstrahlung kommt.

Die Freiraum-Wirkcharakteristika dieses Strahlers entsprechen (logischerweise) exakt denen des gestreckten Dipols in Bild 1-3. In realistischer Bodennähe und bei etwa 45 Grad Steigung tendieren die beiden Horizontal-Maxima zumeist ein wenig in Richtung des bodennäheren Schenkels, während die Vertikal-Eigenschaften denen des Horizontal-Dipols gemäß Bild 1-7 sehr nahekommen.

Verschiedentlich findet sich die Behauptung, daß ein senkrecht vom Hochpunkt des Slopers (und von diesem isoliert) niedergeführter geerdeter Draht oder Metallmast ausgeprägte Flachbündelung in Richtung des Falls, also der bodennahen Befestigung, bewirke. Dafür gibt es nach meinen Erfahrungen und Informationen jedoch keinerlei Beweise oder Begründungen.

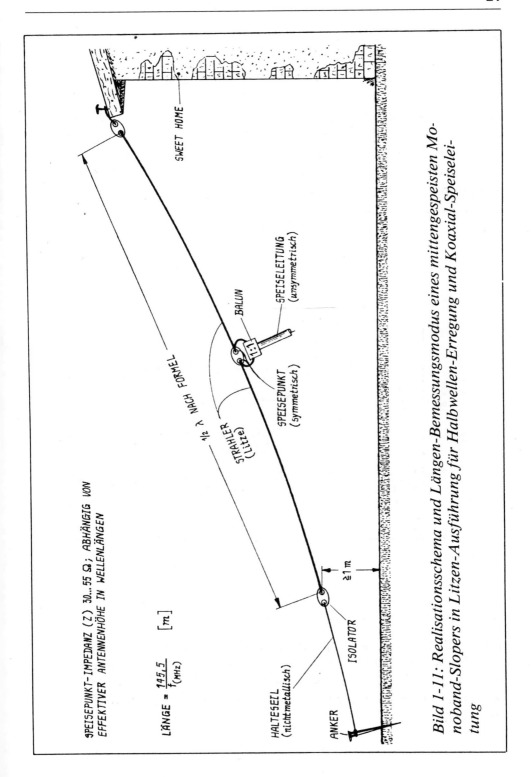

Bild 1-11: *Realisationsschema und Längen-Bemessungsmodus eines mittengespeisten Monoband-Slopers in Litzen-Ausführung für Halbwellen-Erregung und Koaxial-Speiseleitung*

1.6 Speisepunkt-Impedanzen von Halbwellen-Dipolen

In Bild 1-12 haben wir die Speisepunkt-Impedanzen halbwelliger Horizontal-Dipole und Inverted-Vs bezüglich ihrer effektiven Speisepunkthöhen. Bei relativ geringen Freihöhen kann man den Abstand zur »unterschwelligen« Reflexionsebene recht gut über die gemessene Impedanz ermitteln. Die Speisepunkt-Impedanzen von Halbwellen-Slopern sind »irgendwo« zwischen den beiden Diagramm-Kennlinien angesiedelt.

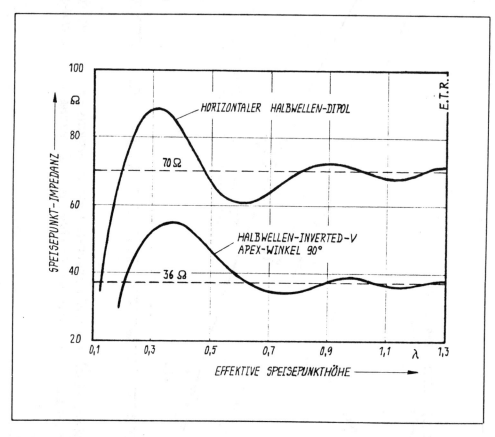

Bild 1-12: Speisepunkt-Impedanzen mittengespeister horizontaler Dipole und Inverted-Vs bei Halbwellen-Bemessung in Abhängigkeit von der effektiven Speisepunkthöhe. Die Impedanzen mittig gespeister Halbwellen-Sloper sind zwischen den beiden Kennlinien angesiedelt

Jede der drei angeführten Antennen bedarf eines Balun-Übertragers mit 1:1-Impedanz-Verhältnis. Er desymmetriert die Gegentakt-Orientierung des Speisepunkts, dient also als Interface zwischen Strahler und elektrisch unsymmetrischem Koaxial-Speisekabel. Nur mit Hilfe eines solchen Funktionsglieds können wir den Kabelmantel hochfrequenzfrei, mithin strahlungsneutral, ergo auch erdungsfähig bekommen.

Unsere diversen Dipole sind unter den gemeinhin herrschenden Installations-Bedingungen gewöhnlich so breitbandig, daß ein jedes der Amateurbänder 160 bis 6 m ohne besondere Maßnahmen mit einem VSWR von höchstens 1,8, überwiegend aber sogar deutlich weniger als 1,4, abgedeckt wird; diese Werte bedeuten (nur) 8,2% respektive 2,8% rücklaufender HF-Leistung. Maßgebend ist insbesondere der optimale Stahler-Längentrimm; hingegen geht vom als Breitbandglied auszulegenden Balun praktisch kaum merkliche Wirkung aus.

Auf die schon angedeuteten (ziemlich »mageren«) Multiband-Eigenschaften unserer Lambda/2-Dipole werden wir noch näher eingehen.

2. Monoband-Langdrähte

Was verstehen wir unter Langdrähten? Zu ihnen zählen jene Strahler, deren elektrische Länge größer ist als die anstehende Betriebs-Wellenlänge. Die Praxis zeigt sich da häufig »toleranter« und etikettiert jedes »etwas längere Ende« als Langdraht-Antenne.

2.1 Bemessung

Die immer anzuratende niederohmige Speisung mittels strahlungsneutralem Koaxialkabel ist auf einfache und zuverlässige Art und Weise am besten in einem der Antennen-Strombäuche möglich. Diese Strom-Maxima verteilen sich »rhythmisch« über die Länge des Drahtes, beginnend bei Lambda/4 Betriebs-Wellenlänge be-

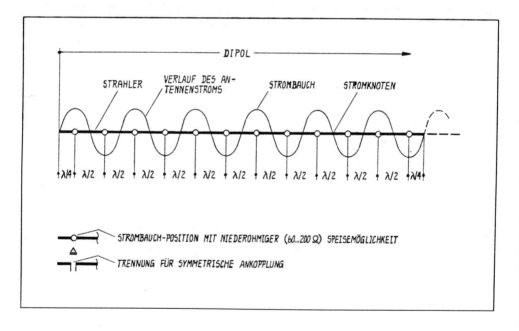

Bild 2-1: Stromverlauf und Speisepunkt-Positionen bei Langdraht-Dipolen mit Strombauchspeisung (niederohmig). Dieses Schema gilt unabhängig von der Drahtlänge, für die lediglich ein ganzzahlig durch Lambda/2 teilbares Maß zu wählen ist

züglich des einen der beiden Strahler-Endpunkte, und weiter in Lambda/2-Abständen zueinander mit dem letzten Bauch in Lambda/4-Abstand vom anderen Strahler-Endpunkt, wie es uns Bild 2-1 aufzeigt. Hierin sind die gewöhnlich verwendeten natürlich-resonanten Anordnungen mit ganzzahlig durch Lambda/2 teilbarer elektrischer Länge zu Grunde gelegt.

Das läßt uns zweierlei folgern: Mittengespeiste Dipole sind ausnahmslos mit Lambda/2 Länge oder einem beliebigen ungeraden Vielfachen dieses Wertes, also 1 1/2 Lambda, 2 1/2 Lambda, 3 1/2 Lambda etc., zu bemessen; außermittig zu speisende Dipole müssen zwingend mit mindestens 1 Lambda Länge ausgelegt werden, der wir eine beliebige Anzahl halber Wellenlängen hinzufügen können, also 1 1/2 Lambda, 2 Lambda, 2 1/2 Lambda etc. über alles.

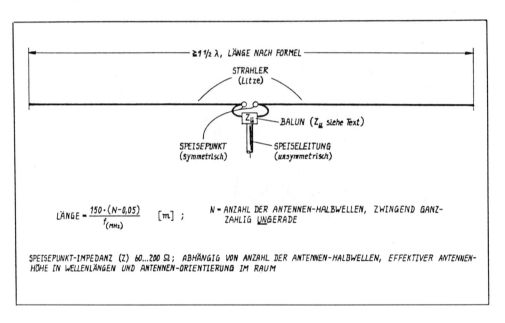

Bild 2-2: *Struktur und Längen-Bemessungsmodus mittengespeister monobandiger Langdraht-Dipole mit Koaxial-Speiseleitung*

In Bild 2-2 sind Struktur und Bemessungsmodus eines mittengespeisten Strahlers von mindestens 1 1/2 Lambda Länge vorgestellt. Wir riggen ihn am besten als Horizontal-Dipol, Inverted-V oder Sloper.

2.2 Strahlungs-Charakteristika von Langdraht-Dipolen

Aus Bild 2-3 gehen die Freiraum-Wirkcharakteristika unseres Langdrahtes im Falle gestreckter Ausrichtung hervor. Dieses Bild macht zwei rotations-symmetrisch orientierte Hauptwirkrichtungen deutlich, wie sie so bei 1 1/2 Lambda Bemessung zustande kommen. Mit zunehmender Drahtlänge nähern sich die in ihrem Schnitt als vier Vorzugsrichtungen anstehenden Hauptmaxima immer mehr der Strahlerachse, wie es Bild 2-4 aufzeigt; zugleich beginnt das senkrecht zur Achse herrschende Nebenmaximum aufzufächern. Diesem Diagramm können wir auch die längenspezifischen Leistungsgewinne bezüglich halbwelliger Dipole (als »genormte« Vergleichsbasen) entnehmen.

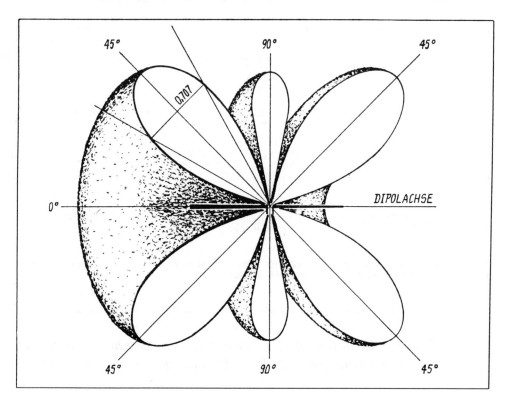

Bild 2-3: Freiraum-Wirkcharakteristika eines Dipols gemäß Bild 2-2 bei gestreckter Ausrichtung und 1 1/2-Lambda-Bemessung im Halbschnitt. Durch Projektion der Schnittfläche auf die Erdoberfläche wird das horizontale Strahlungsbild deutlich

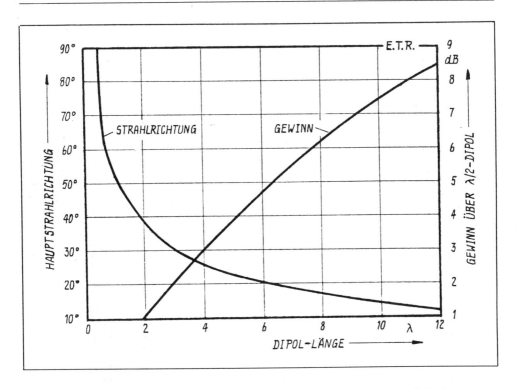

Bild 2-4: Achsenbezogene Hauptstrahlrichtungen und Leistungsgewinne von Dipolen in Abhängigkeit von ihrer Länge mit dem Halbwellenstrahler als Basis

Dazu generell: Wirkrichtungen und Gewinne sind allemal speisungsunabhängig und werden einzig von der Drahtlänge bestimmt, jedoch fallen die Wirkintensitäten der Maxima bei unsymmetrischer Speisepunkt-Plazierung ebenfalls unsymmetrisch aus mit Vorzug in Richtung des längeren Dipolschenkels. Dieses kalkulierbare Verhalten kommt allerdings nur mit Hilfe eines Baluns im Speisepunkt zustande.

Aus Bild 2-5 gehen die Strukturen und der Bemessungsmodus zweier außermittig gespeister Langdrähte hervor. Sie unterscheiden sich voneinander einzig durch den Ansatz ihres Speisepunktes; insofern sei auch an die zahlreichen in Bild 2-1 offerierten Speisemöglichkeiten erinnert. Diese Antennen riggt man am besten horizontal oder als Sloper.

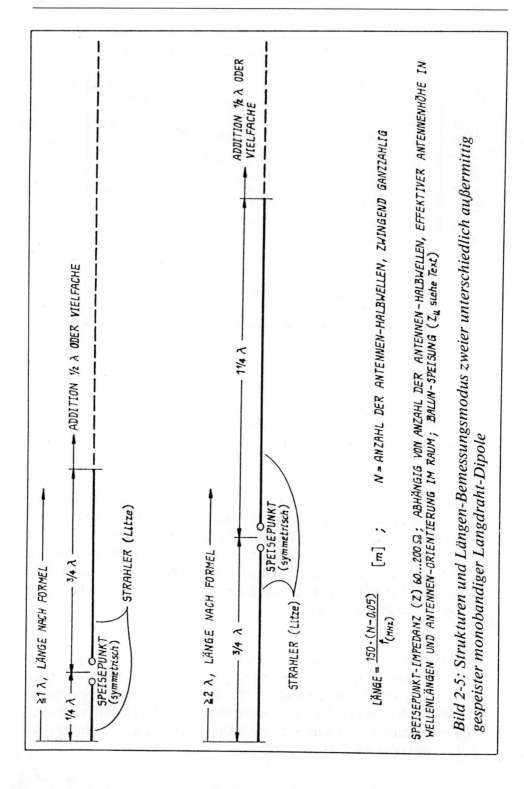

Bild 2-5: Strukturen und Längen-Bemessungsmodus zweier unterschiedlich außermittig gespeister monobandiger Langdraht-Dipole

Außermittige Ankopplung fällt insbesondere dann vorteilhaft ins Gewicht, wenn das Shack nahe des einen der beiden Strahler-Endpunkte angesiedelt ist und wir zu optimal kurzen Speisekabeln kommen müssen.

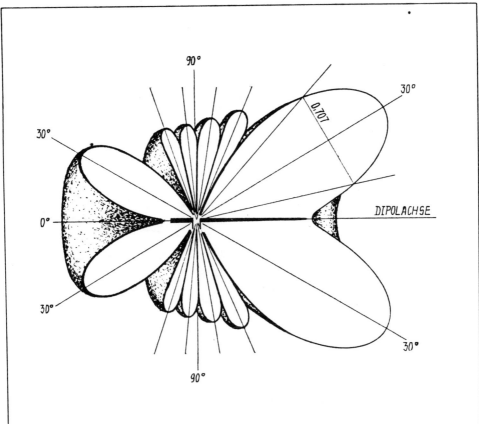

Bild 2-6: Freiraum-Wirkcharakteristika eines Dipols gemäß Bild 2-5, oben, bei gestreckter Ausrichtung und 3-Lambda-Bemessung im Halbschnitt. Durch Projektion der Schnittfläche auf die Erdoberfläche wird das horizontale Strahlungsbild deutlich

In Bild 2-6 sind die Freiraum-Wirkcharakteristika eines außermittig bei Lambda/4-Länge gespeisten 3-Lambda-Dipols vorgestellt. Hier zeigen sich deutlich die typischen Wirk-Unsymmetrien mit ausgeprägtem Maximum in Richtung des längeren Dipolschenkels.

Bezüglich der Wirkcharakteristika sind bisher lediglich Freiraum-Eigenschaften aufgezeigt worden. In realistischer Bodennähe kommt es natürlich auch bei diesen zu den in Kapitel 1 geschilderten Einflüssen des Antennen-»Unterbaus« mit seinem teils »diffusen« Verhalten. Zudem stellen sich exakt die vom Lambda/2-Dipol bekannten vertikalen Auffächerungen der Wirkbereiche in Maxima und Minima ein. Vor diesem Hintergrund ersparen wir uns weitere Worte und schlagen in Kapitel 1 nach.

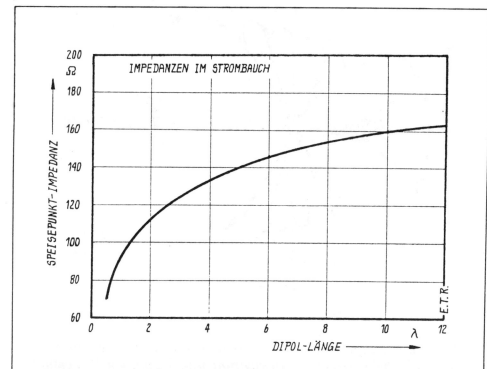

Bild 2-7: *Durchschnittliche Speisepunkt-Impedanzen mittig als auch außermittig im Strombauch gespeister Langdraht-Dipole in Abhängigkeit von der Drahtlänge in Wellenlängen*

2.3 Die Speisepunkt-Impedanzen

Die Speisepunkt-Impedanzen unserer strombauch-gespeisten Langdrähte fallen in etwa doppelt so hoch aus wie die der schon angesprochenen Halbwellen-Dipole. Mit Bild 2-7 haben wir eine allgemeine Übersicht. Diesen längenspezifischen Werten ist bei geringen effektiven Übergrundhöhen eine gewisse Welligkeit im Sinne des in Kapitel 1 plazierten Bildes 1-12 überlagert; mithin zeigen sich auch in dieser Beziehung deutliche Parallelen zu den »kurzen Vettern«.

Der desymmetrierende Balun wird mit »pauschal« zirka 2,2:1 Impedanz-Untersetzung fast allen Anwendungsfällen gerecht. Nur bei sehr langen Strahlern können wir durch Transformationsraten um 3:1 nennenswert optimieren.

Analog den Lambda/2-Dipolen weisen auch diese Langdrähte gewöhnlich hinreichende Bandbreiten auf, d.h. jedes unserer Bänder 160 bis 6 m wird mit einem VSWR von 1,8, zumeist aber weniger als 1,4, abgedeckt. Bei sehr langen Anordnungen setzt allerdings der optimierende Längentrimm einige Geduld voraus; es geht verschiedentlich um geringe Bruchteile eines einzigen Prozents bezüglich der Antennen-Gesamtlänge.

3. Multiband-Drähte

Zunächst zu den Multiband-Eigenschaften der bereits beschriebenen Antennen. Wie es hiermit konkret bestellt ist, zeigt Bild 3-1 in schematisierter Form auf. Demnach lassen sich bei der aus praktischen Gründen gewählten Strombauch-Speisung lediglich die ungradzahligen Harmonischen der Grundwelle erregen. Vor diesem Hintergrund bestehen also in puncto Amateurbänder im wesentlichen nur folgende Betriebsmöglichkeiten:

a) 80 m/17 m, b) 40 m/15 m/6 m,
c) 30 m/10 m/6 m, d) 17 m/6 m.

Und das ist nun wirklich alles andere als »pluralistisch«. Zwar können wir mehrere Strukturen unterschiedlicher Grundwellen-Bemessung an ihren Speisepunkten unmittelbar, d.h. ohne Interface, miteinander parallelschalten und mittels solcher Kombinationen in all jenen Bändern operieren, die auf nicht mehr als einer der verwendeten Sub-Antennen vorkommen; also bezüglich jeweils drei der vorgestellten Beispiele a) bis d) unter anderen auf 80 m/40 m/30 m/17 m/15 m/10 m sowie 40 m/30 m/17 m/15 m/10 m. Ein solcher »6-Zack« fällt jedoch aus installativen Gründen gemeinhin inpraktikabel aus. Das sollte uns aber keineswegs beunruhigen.

Wenn wir nämlich einen Dipol für das unterste der gewünschten Bänder mit Lambda/2-Länge ansiedeln, so ist er für fast alle seine Lambda/2-Harmonischen operationsfähig. Ausgenommen sind lediglich die durch 3 teilbaren Vielfachen, also die 3., 6., 9. Komponente etc. Mithin vermag beispielsweise ein für das 80-m-Band halbwellig bemessener Draht die Spektren 80 m/40 m/20 m/17 m/12 m/10 m/6 m abzudecken. Sieben auf einen Streich...

3.1 Der FD

Damit haben wir einen sogenannten FD. Dieser Bezeichnung setzt man numerisch die Anzahl der für den konkreten Einsatzfall ver-

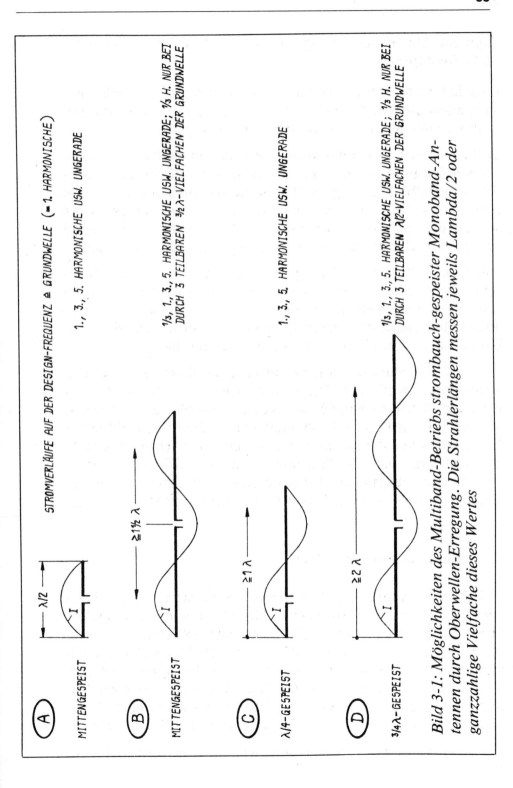

Bild 3-1: Möglichkeiten des Multiband-Betriebs strombauch-gespeister Monoband-Antennen durch Oberwellen-Erregung. Die Strahlerlängen messen jeweils Lambda/2 oder ganzzahlige Vielfache dieses Wertes

fügbaren Bänder nach; beispielsweise FD-7 für eine 7-Band-operable Anordnung.

In Bild 3-2 sind das Realisationsschema und der Längen-Bemessungsmodus eines FDs vorgestellt. Wir riggen ihn DX-gerecht horizontal, als Sloper oder als »auf dem Bauch liegendes« L.

In Bild 3-3 sind die bandbezogenen Erregungsmodi und einhergehenden Verläufe des Antennenstroms (I) eines FD-7 in Lambda/2-Bemessung für 80 m vorgestellt. Das als allgemein informierendes Beispiel angelegte Schema zeigt uns, daß der Speisepunkt etwas abseits des assoziierten Strombauches liegt. Und genau dadurch kommt der »Pluralismus« dieser Antennen-Kategorie zustande.

Zugleich stellt sich die Speisepunkt-Impedanz bezüglich realistischer Bodennähe praktisch nahezu bandunabhängig mit rund 300 Ohm etwas höher ein als bei unseren weiter vorn beschriebenen exakt strombauch-gespeisten Dipolen. Dementsprechend ist ein Balun von 6:1 Impedanz-Untersetzung erforderlich.

Aus Bild 3-4 gehen Drahtlängen und bandspezifische Betriebsmöglichkeiten verschiedener FDs mit Lambda/2-Grundwellenbemessung für 160 bis 20 m und 8 bis 3 Bänder im Spektrum 160 bis 6 m hervor. Die angeführten Drahtlängen sind Erfahrungs-Mittelwerte. Zu letzterem ist anzumerken, daß zum einen der optimierende Längentrimm dieser Multibander relativ viel Zeit in Anspruch nimmt, zum anderen sich das ermittelte Optimalmaß nach einem Standortwechsel oftmals als etwas »daneben« erweist.

3.2 Kombinationen von FDs

Bei Allband-Ambitionen können wir beispielsweise einen FD-8 oder FD-7 mit einem FD-3 (a) aus Bild 3-4 kombinieren; sie sind an ihren Speisepunkten unmittelbar parallelschaltfähig. Auf diese Weise werden alle Bereiche 160 bis 10 m bzw. 80 bis 10 m mittels nur zweier Dipole abgedeckt. Das von beiden der jeweils assoziierten FDs erfaßte 6-m-Band ist allerdings aufgrund eben dieses Faktums inoperabel; es sei denn, man klemmt eine der beiden Sub-Antennen vom Speisepunkt ab, was der anderen 6-m-Betrieb erlaubt.

Die Anordnung der beiden »Subs« zueinander erfolgt je nach ge-

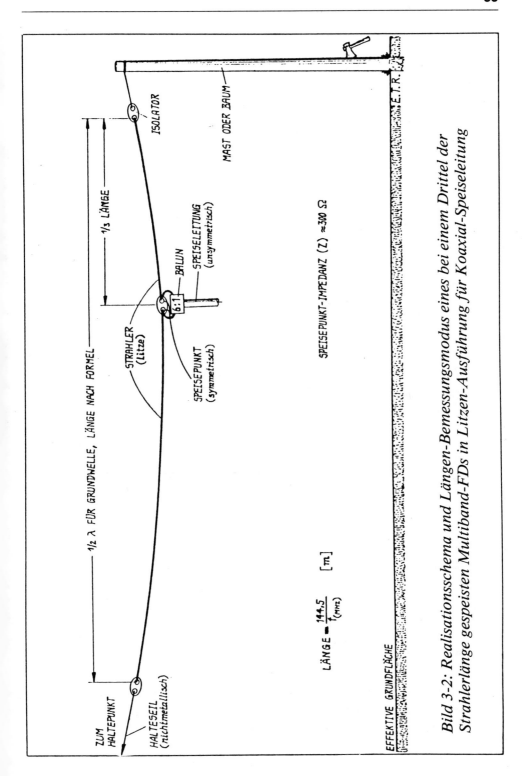

Bild 3-2: Realisationsschema und Längen-Bemessungsmodus eines bei einem Drittel der Strahlerlänge gespeisten Multiband-FDs in Litzen-Ausführung für Koaxial-Speiseleitung

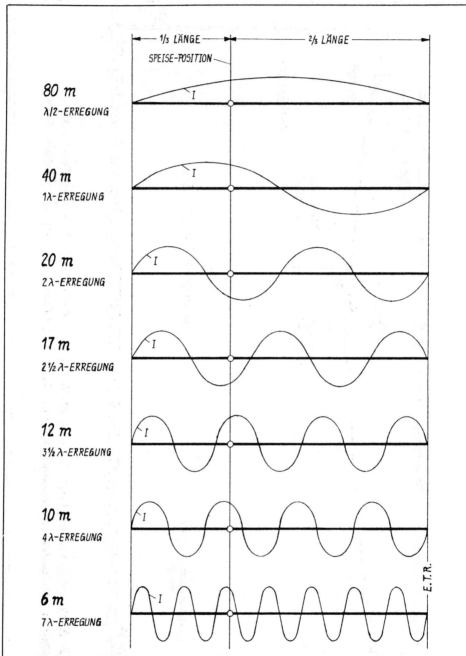

Bild 3-3: Bandspezifische Erregungsmodi und Verläufe des Antennenstroms (I) eines für das 80-m-Band halbwellig bemessenen FD-7 (sieben Amateurbänder; als Funktionsexempel)

wünschter Wirk-Vorzugsrichtung entweder in Kreuzform oder L-Opposition, wie es Bild 3-5 deutlich macht. Anbetrachts gegenseitiger Wechselwirkungen ist der einzig am Gesamtobjekt realisationsfähige Längentrimm ziemlich zeitraubend — aber wer treibt hier wen...

Die Freiraum-Wirkcharakteristika der FDs sind grundsätzlich vergleichbar mit denen außermittig strombauchgespeister Dipole entsprechend Bild 2-6; man lese dieses Bild mitsamt seiner informie-

Typ	FD-8	FD-7	FD-4	FD-3 (a)	FD-3 (b)
$f_{Lambda/2}$	1,85 MHz	3,7 MHz	7,1 MHz	10,2 MHz	14,2 MHz
Länge	77 m	40,5 m	20,6 m	14 m	10 m
160 m	1.	—	—	—	—
80 m	2.	1.	—	—	—
40 m	4.	2.	1.	—	—
30 m	—	—	—	1.	—
20 m	8.	4.	2.	—	1.
17 m	10.	5.	—	—	—
15 m	—	—	—	2.	—
12 m	13.	7.	—	—	—
10 m	16.	8.	4.	—	2.
6 m	28.	14.	7.	5.	4.

Erregungen mit durch 3 teilbaren N sind im Speisepunkt relativ niederohmig und deshalb bei FD-Anpassung nicht praktikabel

Bild 3-4: Favorisierte Bemessung und Betriebsmöglichkeiten multibandiger FDs. Ihre Grundwellen-Länge macht jeweils Lambda/2 aus entsprechend N = 1 (1. Harmonische)

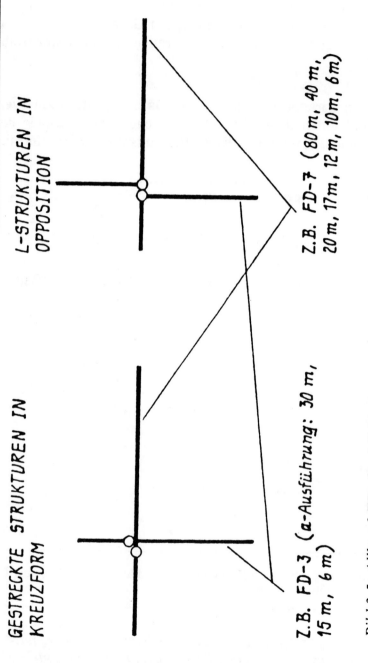

Bild 3-5: Allband-FDs für 160 bis 10 m oder 80 bis 10 m bildet man aus zwei an ihren Speisepunkten unmittelbar parallelgeschalteten Sub-Strukturen. Dieses Bild zeigt in Draufsicht die empfehlenswerten Orientierungen; jede der beiden Einheiten kann beliebig horizontal, als liegendes L oder als Sloper geriggt werden. (Das bei beiden FDs vorhandene 6-m-Band ist aufgrund der Speisepunkt-Parallelschaltung nicht aktivierbar).

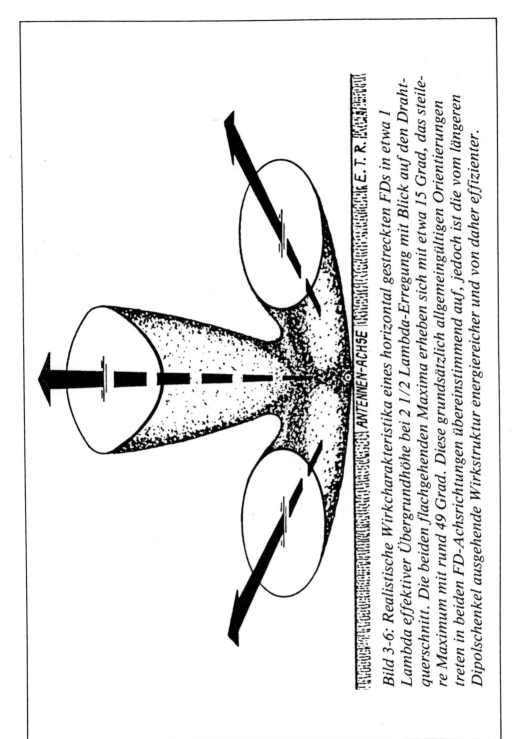

Bild 3-6: Realistische Wirkcharakteristika eines horizontal gestreckten FDs in etwa 1 Lambda effektiver Übergrundhöhe bei 2 1/2 Lambda-Erregung mit Blick auf den Drahtquerschnitt. Die beiden flachgehenden Maxima erheben sich mit etwa 15 Grad, das steilere Maximum mit rund 49 Grad. Diese grundsätzlich allgemeingültigen Orientierungen treten in beiden FD-Achsrichtungen übereinstimmend auf, jedoch ist die vom längeren Dipolschenkel ausgehende Wirkstruktur energiereicher und von daher effizienter.

renden Peripherie und beachte die bandspezifischen FD-Erregungsmöglichkeiten (Lambda/2, 1 Lambda, 2 Lambda, etc.). In realistischer Bodennähe herrschen Vertikal-Auffächerungen gemäß Bild 1-4. Wie sich das alles in der Praxis darstellt, können wir bezüglich des weiter vorn angesprochenen FD-7 in puncto 17-m-Band und 1 Lambda effektiver Höhe aus Bild 3-6 erfahren; hier steht 2 1/2 Lambda-Erregung an.

Die FD-Leistungsgewinne lassen sich unter Berücksichtigung des Erregungsmodus unmittelbar aus Bild 2-4 entnehmen.

Jede der hier angesprochenen Antennen vermag die »ihr eigenen« Amateurbänder vollständig abzudecken. Dabei geht das VSWR kaum über 1,5 hinaus. Etwas diffizil mit Grenzwerten bis zu 2 (11,1% Rücklaufleistung; kaum PA-kritisch) können lediglich die sehr breiten Spektren 160 m, 80 m und, in geringerem Maße, 10 m ausfallen.

Fazit

Resümierend ist zu vermerken: Bei diesen Multibandern zwingen unvermeidbare Eigenheiten und Wechselwirkungen allemal zu Kompromissen, die wir jedoch durchweg unbeschadet akzeptieren können; und mangels vergleichbar QRPreisgünstiger Alternativen auch akzeptieren müssen.

4. Anpassen und Speisen

Zunächst zum Anpassen. Insofern geht es hier um die weiter vorn angesprochenen Balun-Übertrager. Als Interfaces unserer Antennen besorgen sie zum einen deren Gegentakt: Eintakt-Verknüpfung mit dem Koaxial-Speisekabel, zum anderen haben sie die teils notwendige Transformation der Strahler-Impedanz auf die TX/RX-orientierte Kabel-Impedanz 50 Ohm oder selten 75 Ohm vorzunehmen.

4.1 Balun-Übertrager

In Bild 4-1 sind Schaltung und Dimensionierungen eines Baluns für 50:50 Ohm oder 75:75 Ohm Impedanz vorgestellt. Dieses für

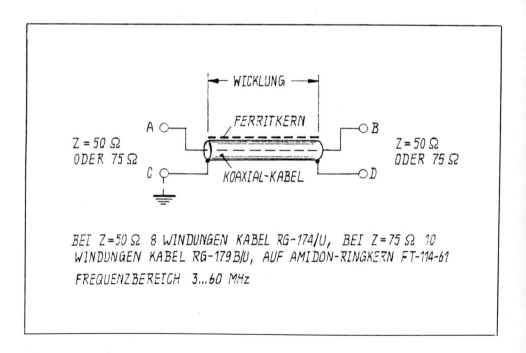

Bild 4-1: Schaltung und Bemessung eines mittels Koaxialkabel zu realisierenden Baluns für 1:1 Impedanzverhältnis

Lambda/2-Dipole ausgelegte Funktionsglied zählt zur Kategorie der sogenannten Leitungs-Übertrager, die sich durch besonders große Breitbandigkeit und sehr geringes VSWR auszeichnen.

Aus Bild 4-2 gehen Schaltung und Dimensionierung eines Baluns für 50:110 Ohm Impedanz hervor, wie wir ihn für unsere Langdräh-

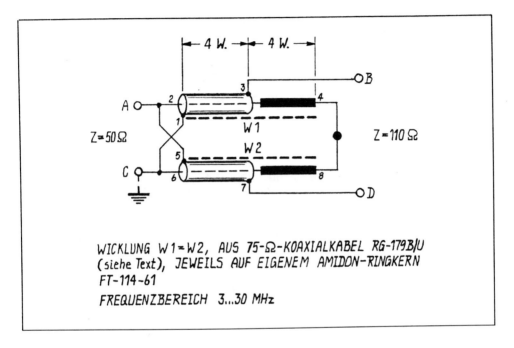

Bild 4-2: *Schaltung und Bemessung eines mittels Koaxialkabel zu realisierenden Baluns für 1:2,2 Impedanz-Übersetzung*

te benötigen. Hier handelt es sich um eine sogenannte Quasi-Leitung — einen »Zwitter« aus Leitungs-Übertrager und konventionellem Transformator — mit typisch guten elektrischen Eigenschaften.

In Bild 4-3 sind Schaltung und Dimensionierung eines Baluns für 50:300 Ohm Impedanz vorgestellt, wie wir ihn für die bereits beschriebenen FDs einsetzen müssen. Dieses als Quasi-Leitung ausgelegte Interface verfügt in Anbetracht seiner relativ hohen B/D-

Port-Impedanz typisch über nur mäßige, allemal aber völlig ausreichende elektrische Eigenschaften.

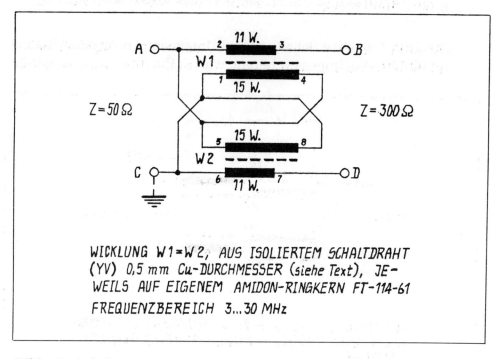

Bild 4-3: Schaltung und Bemessung eines Paralleldraht-Baluns für 1:6 Impedanz-Übersetzung

Wir haben zu beachten, daß derartige Breitband-Übertrager nur für ihre typischen Design-Impedanzen oder sehr ähnliche Werte optimal eingesetzt werden können, ungeachtet vergleichbarer Transformationsraten. Für deutlich andere Impedanz-Level empfehlen sich andere als die angegebenen Dimensionierungen. Über die Realisation der vorangestellten Komponenten werden wir noch berichten.

4.2 Die Antennen-Speisung

Weiter geht's mit Speiseleitungen. Der Amateurfunk — mono- wie multibandig — läßt uns die Wahl zwischen beliebig langen und sogenannten abgestimmten Anordnungen.

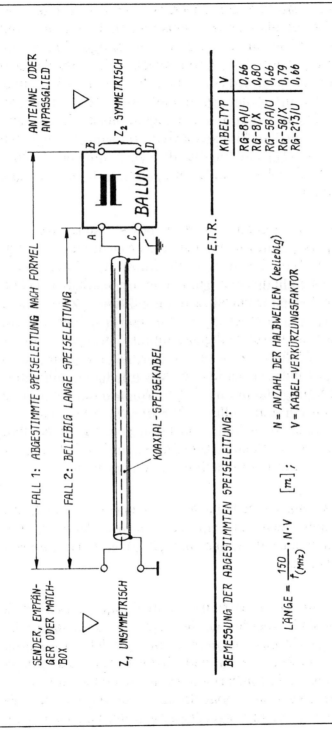

Bild 4-4: *Schema und Bemessungsmodus einer Koaxial-Speiseleitung mit Balun in abgestimmter bzw. beliebig langer Ausführung*

Letztere können für Multibander jedoch nur dann verwendet werden, wenn sich die anstehenden Betriebs-Wellenlängen mit ihren mittleren Lambda/2-Werten oder deren ganzzahligen Vielfachen in die Speiseleitungslänge integrieren lassen. Alle einschlägigen Daten und Fakten gehen aus Bild 4-4, Fall 1, hervor; die Wicklungslänge des Baluns ist integraler Bestandteil der Leitung. Hinsichtlich des bandspezifischen »Pluralismus« abgestimmter Feeder können wir unmittelbar zu den FD-spezifischen Informationen gemäß Bild 3-4 greifen; für »Außenseiter«-Bänder wirken unsere Leitungen »beliebig lang«. Kabel- und kabelseitige Balun-Impedanz müssen übereinstimmen.

Abgestimmte Speiseleitungen bewirken etwas »Merkwürdiges«: Auch wenn die Speisepunkt-Impedanzen unserer Antennen bezüglich ihres Balun-Ports A/C von der Kabelimpedanz abweichen — was normalerweise Fehlanpassung und Leistungseinbußen bedeutet, geht hier der (transformierte) Antennen-Z-Wert (Z_2 in puncto A/C) unverändert zum geräteseitigen Kabelport (Z_1) über. Mit anderen Worten: Mittels unserer abgestimmten Leitung haben wir den Balun-Port A/C effektiv zum Gerät »heruntergezogen«, so als wäre das Kabel gar nicht vorhanden; es wirkt lediglich mit seiner natürlichen Einfügungsdämpfung. Ergo: Wenn denn schon eine Matchbox erforderlich sein sollte — für unsere weiter vorn beschriebenen Antennen keinesfalls — so kann sie auf handgerechte Art und Weise zwischen Sender/Empfänger und Kabel plaziert werden. Gleiches gilt für den Anschluß von Meßmitteln.

Im Gegensatz dazu muß bei beliebig langen Speiseleitungen (Fall 2 in Bild 4-4) zwischen Kabel und Balun oder, besser, Balun und Antenne, also an einem normalerweise unzugänglichen Ort, angepaßt und gemessen werden.

Wir haben zu beachten, daß der Balun-Punkt C abgestimmter Speiseleitungen keinesfalls geerdet werden darf, da sie anderenfalls zum beliebig langen Typus »degenerieren«. Das ist bei unseren bandspezifischen Strahlern zwar betriebstechnisch bedeutungslos, macht aber Meß- und Anpaßarbeiten vom bequemen Shack aus unmöglich. Regel: Der Mantel abgestimmter Leitungen fällt HF-strahlungsneutral aus, wenn auf geräteseitige Nennanpassung geachtet wird; dagegen läßt sich Strahlungsneutralität bei unabgestimmten Leitungen nur mit beidseitiger Nennanpassung sicher bewirken.

4.3 Die Matchbox

Abschließend noch einige Anmerkungen zum Thema Matchbox. Unsere weiter vorn beschriebenen Antennen können trotz optimierter Bemessung unter ungünstigen installativen und frequenzspezifischen Konstellationen »barfuß«, d.h. ohne Box, mit einem VSWR von bis zu 2 behaftet sein. Im Gegensatz dazu gelangen wir mit Hilfe einer Box auf Werte von allenfalls 1,5. Dazu definitiv: Ein VSWR von 2 bedeutet 11,1% entsprechend 0,5 dB reflektierte (aber letzthin keineswegs verlorene) Energie, und 1,5 VSWR schlägt mit 4% oder rund 0,18 dB zu Buche. Eine Box kann also kaum mehr als 0,5 - 0,18 = 0,32 dB Verbesserung bewirken. Wohlgemerkt: kann. Praktisch aber macht bereits ihre eigene Einfügungsdämpfung, d.h. einzig die Tatsache ihres Vorhandenseins, unvermeidbar mindestens 0,3 dB (verlorener) HF-»Heizleistung« aus. Ja, liebe Leute: Woll'n wir nun interkontinentale Pile-ups veranstalten, oder aber preußisch-beamtet Karteireiter exerzieren lassen...

5. Tips zum Selbstbau

Zunächst zu den bereits besprochenen Baluns. Dazu allgemein: Um potentiellen Störrisiken wirksam vorzubeugen, verwendet man bevorzugt Ringkerne, die sich »ihrem Naturell entsprechend« durch extreme Streuarmut und, per Umkehrschluß, Selbstabschirmung auszeichnen. Zudem sichert die Wahl HF-optimaler Ferrit-Materialien wünschenswert geringe Windungszahlen und sehr geringe Eigenverluste. Unsere angesprochenen Übertrager sind kontinuierlich mit mindestens 250 W PEP oder 100 W in Dauerstrich belastbar.

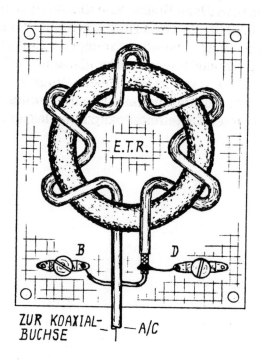

Bild 5-1: Ringkern-Realisationsschema des (1:1)-Baluns gemäß Bild 4-1 (die gezeichnete Windungszahl ist wirklichkeitsfremd)

5.1 Die Montage

In Bild 5-1 haben wir Konstruktives zu unserem (1:1)-Balun gemäß Bild 4-1. Seine mittels Miniatur-Koaxialkabel zu realisierende Wicklung sollte 300 bis 330 Grad des Kernumfangs einnehmen. Als Montagebasis dient eine unbeschichtete Epoxydharz-Platine von etwa 55 x 45 mm Größe und 1,5 mm Dicke mit Lochraster.

Zur Fixierung der Wicklung auf dem Ring sowie des Übertragers auf der Platine verwenden wir stabilen Zwirn, der an den beiden Kabelenden und an zwei weiteren in etwa gleichmäßig über den Ringumfang verteilten Stellen durch die assoziierten Rasterlöcher zu »nähen« ist; hier sind Draht wie auch wärmeempfindliche Kunststoffschnur absolut fehl am Platze. Dann gilt es, die Kabelenden von Löt-Flußmitteln zu reinigen und mittels elektrisch hochwertigem Plastik-Spray gegen Feuchteeintritt sorgfältig zu versiegeln. Der Port A/C wird mit einer koaxialen Buchse entsprechender Impedanz beschaltet. An den Lötösen B/D liegen die beiden Dipolschenkel.

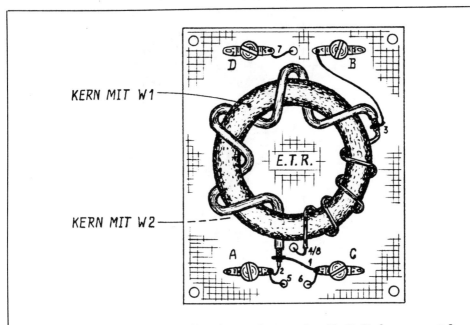

Bild 5-2: Ringkern-Realisationsschema des (1:6)-Baluns gemäß Bild 4-2 (2-Kerne-Anordnung)

Konstruktives zu dem mittels zweier Ringkerne zu realisierenden (1:2,2)-Balun gemäß Bild 4-2 ist in Bild 5-2 vorgestellt. Wir bewickeln die beiden Ringe völlig übereinstimmend, d.h. auch in gleicher »Drehrichtung«. Den jeweils ersten vier der insgesamt acht Windungen dient das Miniatur-Koaxialkabel »original«, für die jeweils folgenden vier Windungen wird dagegen nur sein isolierter Innenleiter verwendet. Die Gesamtwicklung W 1 bzw. W 2 verteilt sich über 300 bis 330 Grad des Kernumfangs. Wir befestigen die beiden Ringe mit seitenverkehrter Wicklungs-Orientierung — Kabel gegenüber Draht und umgekehrt — auf der einen respektive anderen Seite einer unbeschichteten rastergelochten Epoxydharz-Platine von etwa 55 x 45 mm Größe und 1,5 mm Dicke, wobei im Sinne der zu Bild 5-1 angeführten Informationen vorzugehen ist. Das Reinigen und Versiegeln der Kabel- bzw. Drahtenden bitte nicht

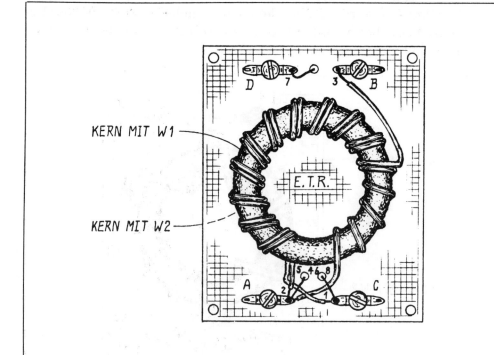

Bild 5-3: Ringkern-Realisationsschema des (1:6)-Baluns gemäß Bild 4-3 (2-Kerne-Anordnung)

vergessen. Bei den Wicklungs-Verknüpfungen gemäß Bild 4-2 müssen wir gehörige Obacht walten lassen, denn Schaltfehler führen unausweichlich zu einer »polizeiwidrigen Anhäufung von Material«. Es liegen das Speisekabel über Koaxial-Armaturen an den Lötösen A/C und die Dipolschenkel an den Ösen B/D.

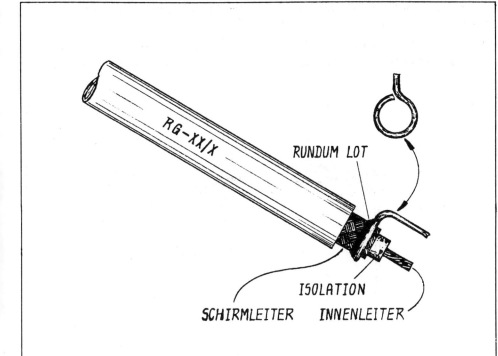

Bild 5-4: Unkonventionelle, elektrisch jedoch optimale Beschaltung des Schirmleiters koaxialer Kabel. Beim Absetzen des Kabels sind Beschädigungen assoziierter Materialschichten unbedingt zu vermeiden.

Konstruktives zum (1:6)-Balun aus Bild 4-3 ist in Bild 5-3 vorgestellt; wiederum ein 2-Kerne-Objekt. Anstatt der gezeichneten Draht-Parallelführung kann leichtes Verdrillen mit etwa einem halben Schlag je Zentimeter Wickellänge elektrisch vorteilhafter sein, denn diesbezüglich spielen Dicke und Material der Draht-Isolierung wesentliche Rollen.

Unsere drei Baluns sind durchweg für Amidon-Ringkerne des Typs FT-114-61 ausgelegt. Dieses international verbreitete US-Produkt weist 29 mm Außen-Durchmesser, 19 mm Innen-Durchmesser und 7,5 mm Höhe auf, seine Anfangs-Permeabilität mißt 125 und sein Induktivitäts-Faktor (A_L) 80 nH. An diese kaum kritischen Daten können wir uns im Fall der Suche nach alternativen Elementen halten. Wir können aber auch vom Material-Code ausgehen, beispielsweise »61« bei Amidon und Fair-Rite, »Q1« bei Indiana General sowie »4C4« bei Ferroxcube (Philips, Valvo), und haben vor diesem Hintergrund lediglich auf die genannten Ringabmessungen zu achten.

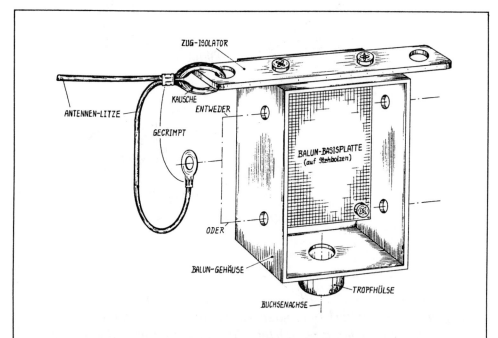

Bild 5-5: Speisepunkt-Isolator und Balun-Gehäuse als »Zentraleinheit« Dipol-Draht-Antennen. Dieses Realisationsschema offeriert sich als Basis vielfältiger Detaillösungen und Einsatzmöglichkeiten.

Verknüpfungen koaxialer Kabel mit Lötösen, Drähten und anderen »offenen« Kontakten sollten wir, d.h. auch bezüglich unserer Baluns, gemäß Bild 5-4 ausführen. Diese Methode ist zwar etwas »langsam«, elektrisch jedoch optimal. Die Litzendrähte des Schirmgeflechts und gegebenenfalls auch des Innenleiters müssen restlos Lötverbindungen erhalten, denn anderenfalls kommt es zu erheblichen Signal-Dämpfungen, unter Umständen zu wildem Schwingen assoziierter Verstärker sowie beim Transfer höherer Leistungen auch zu punktuellen Überhitzungen und Lotschmelzen. Mit Rücksicht auf die Isolations-Materialien sollte unser Kolben nicht wärmer als unbedingt nötig sein; folglich auch: zügig arbeiten!

5.2 Die Zentraleinheit am Antennenspeisepunkt

Nun zur »Zentraleinheit« am Antennen-Speisepunkt. Gemäß Bild 5-5 setzt sie sich zusammen aus einem zugbelasteten Isolator als »Knoten« der Dipolschenkel sowie einem Balun-Gehäuse mit den

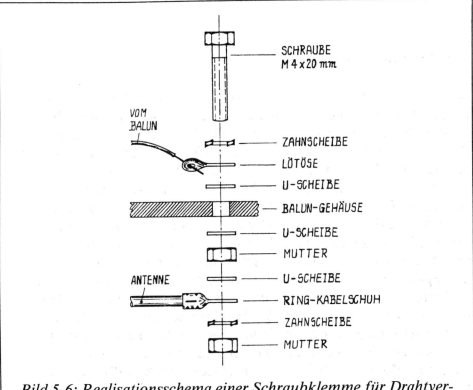

Bild 5-6: Realisationsschema einer Schraubklemme für Drahtverbindungen als Durchführung in Isolierstoffwänden; wie beispielsweise beim Balun-Gehäuse gemäß Bild 5-5.

Dipol-und den Speisekabel-Anschlußelementen. Dieses weitestgehend aus Kunststoffteilen herzustellende Objekt ist für sämtliche unserer angeführten wie auch vergleichbaren Antennen verwendbar.

Oben im Bild haben wir den Zugisolator. Er ist aus schlagzähem Polystyrol (Material: ABS, ASA, SAN oder SB) anzufertigen; Beschaffungsproblemen können wir mit Hilfe eines ausgemusterten Flaschenkastens begegnen. Dieser Isolator sollte im Querschnitt 25 x 3 bis 4 mm und in der Länge 110 bis 140 mm messen. In etwa 15 mm Abstand von jedem seiner beiden Enden wird jeweils ein 12-mm-Loch zum Durchschleifen der Antennendrähte gebohrt. Wir benötigen insgesamt drei dieser auch für Kilowatt-Leistungen qualifizierten Elemente, d.h. zwei weitere für die beiden äußeren Dipole. Die zugehörigen Kauschen sind in Nylon, Perlon oder Edelstahl für 4 mm dickes Seilmaterial zu wählen.

5.3 Das Balun-Gehäuse

Auch das mit einem aufschraubbaren Deckel versehene Balungehäuse (Bild 5-5) besteht aus schlagzähem Kunststoff. Dieses handelsübliche Bauteil sollte etwa 60 x 90 x 50 mm (B x H x T), seine Wandung 3 bis 4 mm messen. Die beiden Seitenlöcher für die Dipol-Klemmelemente werden nahe des auf der Balun-Basisplatine angesiedelten Ports B/D gebohrt. Unten am Gehäuse sitzt eine aus Kunststoff-Installationsrohr gefertigte, dicht schließende Tropfhülse zum Schutz der Koaxial-Speisearmatur vor unmittelbaren Regen-Einwirkungen. Die Hülsenlänge darf dem festen Anziehen der Stecker-Überwurfmutter nicht hinderlich sein. Je nach Wahl des Speisekabeltyps verwenden wir einen der spritzwasser-geschützten BNC- oder N-Verbinder; UHF-Elemente sind hier völlig fehl am Platze. Neben der Gehäusebuchse kann eine Klemmschraube für die Erdungsverbindung des Balun-Anschlusses C gesetzt werden. Den Balun als solchen plazieren wir mit vier Kunststoff- oder Metall-Stehbolzen so in seinem Gehäuse, daß die Abstände bezüglich Deckel und Rückwand in etwa gleich ausfallen.

Für die Verbindung des Balun-Gehäuses mit seinem Zugisolator können wir Kunststoff- oder oxydationsarme Metallschrauben M4 verwenden; bei Inverted-V-Riggs allerdings nur in Metall und mit Öse zum Aufhängen. Kopf- und Mutterseite sind mit metallenen Unterlegscheiben zu versehen. Zum Anklemmen der beiden Dipoldrähte dienen Kupfer- oder Messingschrauben mit entsprechendem »Kleinkram« gemäß Bild 5-6; in diesem Sinne ist auch bezüglich eines Erdungsanschlusses für den Balun-Port C vorzugehen.

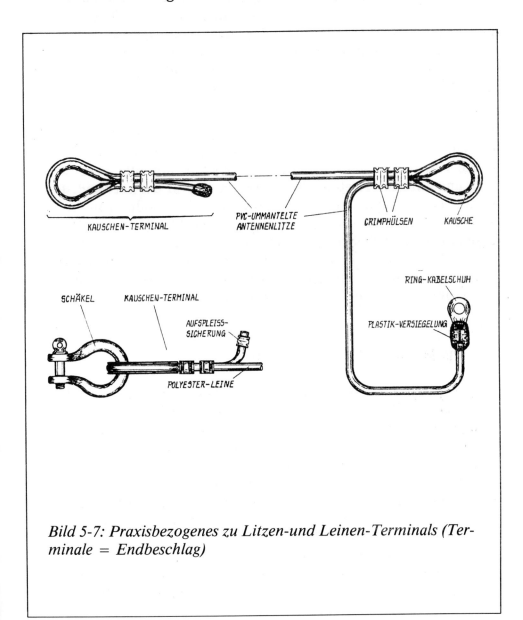

Bild 5-7: *Praxisbezogenes zu Litzen-und Leinen-Terminals (Terminale = Endbeschlag)*

5.4 Die Beschichtung

Das Balun-Gehäuse muß (logischerweise) hermetisch dicht sein. Schrauben werden beim Einsetzen im Bereich ihrer Gehäusedurchführung mit Plastik-Spray »satt einbalsamiert« und dann sofort endgültig festgezogen; derartige Verbindungen sind später nicht mehr lösbar. Sofern es dem Verschlußdeckel an Dichtfähigkeit mangelt, versehen wir ihn rundherum mit einer aufgesprühten (und ebenfalls kaum mehr lösbaren) Plastikdichtung und ziehen dann sofort die Deckelschrauben endgültig fest; dies alles aber erst nach dem Funktions-Check der Balun-Struktur.

Schließlich sollten wir der »Zentraleinheit« insgesamt sowie den Endisolatoren der Dipoldrähte eine hochglatte schmutzabweisende Plastikhaut aufsprühen; selbstverständlich mit Ausnahme elektrischer Anschlußteile. Vorab sind die Objekte sorgfältig zu reinigen, und zwar mit Aceton oder einer anderen für das verwendete Baumaterial empfohlenen »aggressiven« Chemikalie (Anwendungs-Vorschriften des Herstellers genau beachten!). Anstelle der Plastikhaut kann ebenso gut Kunstharzlack mehr oder minder auffälliger Farbe treten. — Derartige Beschichtungen verschaffen der Gehäuse-»Hermetik« zusätzliche Qualität, und das ist insbesondere im rauhen Portabel-Betrieb höchst wünschenswert.

5.5 Die Montage der Dipoldrähte

Weiter geht's mit Dipoldrähten. Wir verwenden entsprechend dimensionierte PVC-ummantelte Kupfer- oder Broncelitze; bei höherem freihängendem Gewicht (mehr als etwa 5 kg) oder/und beim Auftreten böiger Winde sollte jedoch Material mit Stahlseele bevorzugt werden. Handelsübliche Strahlerlitzen messen (Cu-bezogen) beispielsweise 8 x 7 x 0,2 mm sowie 7 x 7 x 0,25 mm mit 1,8 mm^2 respektive 2,4 mm^2 Querschnitt; sie vertragen Kilowatt-Leistungen. »Seelenlose« Litze ist durch ebenso sanftes wie kräftiges »Langziehen« zu recken. Auf diese Weise läßt sich zum einen »unbezahlte Länge schinden«, zum anderen wird den anderenfalls unausweichlichen »Figurproblemen« durch »schleichende« Längenzunahme und daraus resultierenden elektrischen Verstimmungen (Abnahme der Resonanzfrequenz) vorgebeugt.

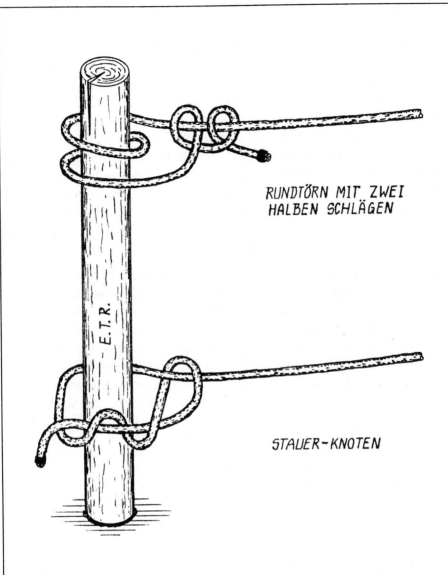

Bild 5-8: Zwei bewährte Möglichkeiten des Leinenanschlags an Pfählen, Bäumen und Masten. Die Sicherheit dieser Knoten nimmt mit ihrer Zugbelastung zu; andererseits sind sie zugentlastet leicht lösbar.

Am Speisepunkt, und zwar nur hier, müssen wir jeweils die einzelnen Litzendrähte sorgfältig miteinander verlöten; diesbezügliche Leichtfertigkeiten führen zu Resonanzproblemen und unter Umständen auch »Heißläufern«. Die an diesen Punkten anzubringenden Ring-Kabelschuhe (siehe Bild 5-5) können entweder gleich mit aufgelötet oder aber später aufgecrimpt werden. Die PVC-Ummantelung der Litzen ist an beiden Enden mittels Plastik-Spray sorgfältig zu versiegeln (Löt-Flußmittel entfernen!); das Versiegeln der äußeren Schenkelenden erfolgt selbstverständlich erst nach abgeschlossenem frequenzspezifischen Längentrimm unserer Antenne. Für die Verknüpfungen der Litzen mit den Isolatoren müssen Seilkauschen verwendet werden; zudem sollten wir für die zugehörigen Befestigungen vorsorglich jeweils zwei Crimphülsen setzen. Aus Bild 5-7 gehen einige praxisbezogene Informationen hervor.

Zur Verlängerung der Dipolschenkel bis zu ihren Montagepunkten und für andere Abspann- und einschlägige Installationsaufgaben verwenden wir hochfeste und mehrschäftig geschlagene Polyester-Leine von etwa 4 mm Durchmesser. Vor ihrem Abschneiden auf Länge wird unmittelbar beiderseits der vorgesehenen Schnittstelle jeweils eine Crimphülse gesetzt, die das Aufspleißen des Schlages unterbindet; als Alternative bietet sich das Zusammenschmelzen der Kunstfasern über einer kleinen Flamme (z.B. Feuerzeug) an.

Diese Leinen sind in Fällen fixer Installationen ausnahmslos beidseitig mit eingecrimpten Kauschen zu versehen; Bild 5-7 verschafft realisationsbezogene Eindrücke. Im Gegensatz dazu kauschen wir die Leinen »fliegender« Portabel-Riggs nur dipolseitig und arbeiten an ihrem jeweils anderen Ende mit Knoten, wie es Bild 5-8 und Bild 5-9 in Beispielen aufzeigen.

Nun zu den Speiseleitungen; allemal koaxial mit entsprechenden Steckverbindern.

In Bild 5-10 haben wir eine Liste koaxialer HF-Kabel der international verbreiteten RG-Reihe mit ihren für uns wichtigen elektrischen und mechanischen Eigenschaften. Die hier offenen Werte der längen- und frequenzabhängigen Einfügungsdämpfungen gehen aus Bild 5-11 hervor. Kabel mit geschäumter Zwischenisolation (X-Suffix, inoffiziell) sind relativ sehr leicht und von daher für Portabel-Einsätze besonders geeignet.

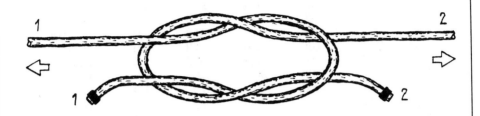

KREUZKNOTEN

FISCHERSTEK

Bild 5-9: Zwei bewährte Möglichkeiten des Verbindens zweier fliegender Leinen. Die Sicherheit dieser Knoten nimmt mit ihrer Zugbelastung zu; andererseits sind sie zugentlastet leicht lösbar.

Typ RG-	Z_{Ohm}	V	pF/m	Außen ⌀ (mm)	U_{max} kV_{eff}	Armaturen*
8/U	52,0	0,66	96,8	10,3	4,0	N, UHF
8A/U	52,0	0,66	96,8	10,3	5,0	N, UHF
8/X	50,0	0,80	83,3	10,3	1,5	N, UHF
11/U	75,0	0,66	67,6	10,3	4,0	N, UHF
11A/U	75,0	0,66	67,6	10,3	5,0	N, UHF
11/X	75,0	0,80	55,4	10,3	1,6	N, UHF
58A/U	53,5	0,66	93,5	5,0	1,9	BNC
58C/U	50,0	0,66	101	5,0	1,9	BNC
58/X	53,5	0,79	93,5	5,0	0,6	BNC
59/U	73,0	0,66	68,9	6,2	2,3	BNC
59A/U	73,0	0,66	68,9	6,2	2,3	BNC
59/X	75,0	0,79	55,4	6,2	0,8	BNC
174/U	50,0	0,66	101	2,5	1,5	SMA
179B/U	75,0	0,70	63,0	2,5	1,2	SMA
213/U	50,0	0,66	101	10,3	5,0	N, UHF
216/U	75,0	0,66	67,6	10,8	5,0	N, UHF

* Unmittelbar, d.h. ohne Adapterteile verwendbar. Ein X-Suffix bei Kabel-Bezeichnungen bedeutet geschäumte Zwischen-Isolation

Bild 5-10: Wichtige Daten allgemein favorisierter koaxialer HF-Kabel der international verbreiteten RG-Reihe (siehe dazu auch das folgende Bild).

Mit Bild 5-12 haben wir eine Zusammenfassung amateurgerechter koaxialer Steckverbinder und Adapterteile der weltweit verbreiteten Reihen BNC, N und UHF. BNC- und N-Armaturen sind sowohl spritzwassergeschützt als auch trittfest, und beim Stecken und Ziehen schließen ihre Außenleiter zuerst beziehungsweise trennen zuletzt. Wie es sich gehört und ganz im Gegensatz zu den nur als »Innendienstler« empfehlenswerten »klassischen« UHF-Armaturen.

Wir müssen durch individuelle Maßnahmen auf Feuchtesicherheit der Steckverbindungen hinwirken. Insbesondere aber gilt es, Feuchteeintritt in das Kabelinnere zu unterbinden, denn hier ist H_2O »ewiglich« und hat unausweichlich Rott zur Folge.

Let's go!

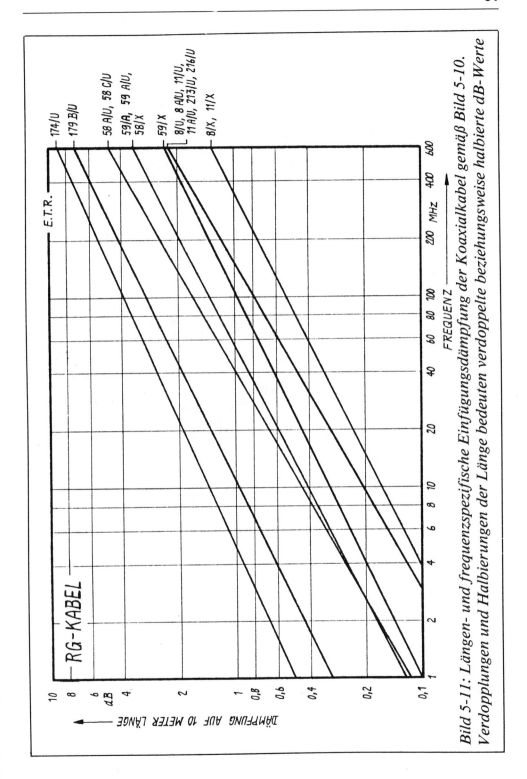

Bild 5-11: Längen- und frequenzspezifische Einfügungsdämpfung der Koaxialkabel gemäß Bild 5-10. Verdopplungen und Halbierungen der Länge bedeuten verdoppelte beziehungsweise halbierte dB-Werte

Reihe	Typ	Funktion
BNC (Z=50 Ohm)	UG-88	Stecker zum Löten für Kabel RG-58
	UG-89	Buchse (fliegend) für Kabel RG-58
	UG-290	Einbaubuchse mit Vierkantflansch
	UG-913	Winkelstecker für Kabel RG-213
	UG-959	Stecker zum Löten für Kabel RG-213
	UG-1094	Einbaubuchse mit Zentralbefestigung
BNC (Z=75 Ohm)	UG-260	Stecker zum Löten für Kabel RG-59
	UG-262	Einbaubuchse mit Vierkantflansch
	UG-657	Einbaubuchse mit Zentralbefestigung
N (Z=50 Ohm)	UG-21	Stecker zum Löten für Kabel RG-213
	UG-23	Buchse (fliegend) für Kabel RG-213
	UG-58	Einbaubuchse mit Vierkantflansch
	UG-536	Stecker zum Löten für Kabel RG-58
	UG-594	Winkelstecker für Kabel RG-58 u. RG-213
	UG-680	Einbaubuchse mit Zentralbefestigung
UHF (Z=50 bis 75 Ohm)	M-359	Winkelstück Stecker/Buchse
	PL-259	Stecker zum Löten für Kabel RG-213/216
	SO-239	Einbaubuchse mit Vierkantflansch
	UG-175	Stecker-Reduzierhülse für Kabel RG-58
	UG-176	Stecker-Reduzierhülse für Kabel RG-59
	UG-266	Einbaubuchse mit Zentralbefestigung
Adapter (Z=50 Ohm)	UG-83	UHF-Stecker auf N-Buchse
	UG-146	N-Stecker auf UHF-Buchse
	UG-201	N-Stecker auf BNC-Buchse
	UG-255	BNC-Stecker auf UHF-Buchse
	UG-273	UHF-Stecker auf BNC-Buchse
	UG-349	BNC-Stecker auf N-Buchse

Jede dieser Reihen umfaßt zahlreiche weitere Funktionen und Ausführungen. Letztere differieren aus praktischer Sicht insbesondere bezüglich der typischen Modi ihrer Beschaltung, wofür teils Spezial-Werkzeuge notwendig sind. Anstelle der angegebenen Kabel können vergleichbare Typen verwendet werden.

Bild 5-12: Amateurgerechte koaxiale HF-Steckverbinder der international verbreiteten Reihen BNC, N und UHF.

6. Mit 'ner Rauschbrücke unterm Arm

Für Antennenmessungen greift man gemeinhin zur Stehwellen-(VSWR-)Meßbrücke. Und damit zum denkbar unzulänglichsten aller einschlägigen Werkzeuge. Denn zum einen bedarf es des Stationssenders als Hilfsgerät — also nichts für Nur-Hörer —, zum anderen kann eine VSWR-Brücke bestenfalls Fehler und Störungen als solche aufzeigen, nicht aber deren Ursachen und Charaktere und nichts über zielsichere Korrekturmaßnahmen. Im QRP kommt hinzu, daß die nur sehr geringe fehlertypische Rücklaufleistung kaum zuverlässig anzeigefähig ist. Und da der optimale VSWR-Wert von 1 auch noch mit dem Instrument-Nullpunkt einhergeht, sind »positivierende« Fehldiagnosen praktisch gang und gäbe.

Ganz anders mittels einer Rauschbrücke. Sie ist — nicht nur für unsere Aufgaben — geradezu ideal. Folgende Punkte sind herauszustellen:

1. Wir kommen ohne Sender zurecht und benötigen zusätzlich lediglich einen schlichten AM- oder FM-Empfänger.

2. Die Meßwerte zeigen Fehlerursachen auf und machen notwendige Gegenmaßnahmen deutlich.

3. Mit der Rauschbrücke haben wir ein buchfüllend vielseitiges, auch komlexeren Aufgaben gewachsenes und fast schon laborfähiges (!) HF-Meßgerät.

4. Schließlich sind Rauschbrücken preisgünstig wie VSWR-Meter und daneben höchst selbstbaufreundlich.

Zum besseren Verständnis der Zusammenhänge und als weitere Anregung zum Selbermachen werfen wir zunächst einen kurzen Blick auf die typische Technik einer Rauschbrücke — einen kurzen nur, denn, wie schon angedeutet, geht es tatsächlich um ein buchfüllendes Thema.

In Bild 6-1 haben wir die vollständige Schaltung einer hochqualitativen Rauschbrücke. Ihre maximale Arbeitsfrequenz bezüglich der spezifisch akzeptablen Meßtoleranzen beträgt nicht weniger als 80 MHz; und vor dem selben Hintergrund fällt die minimale Frequenz

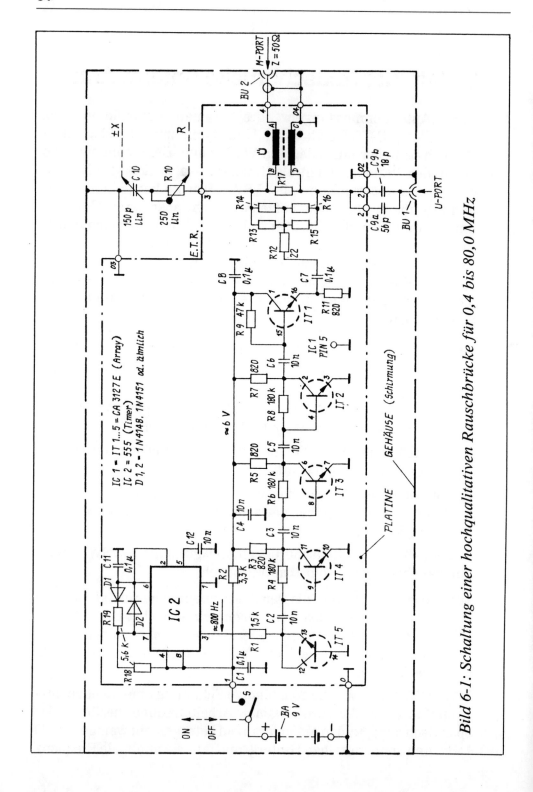

Bild 6-1: Schaltung einer hochqualitativen Rauschbrücke für 0,4 bis 80,0 MHz

mit rund 0,4 MHz aus, so daß auch die standardisierte 455-kHz-ZF noch meßbar ist.

BA	9-V-Blockbatterie (26,5x17,5x48,5 mm), hochwertige Ausführung (z.B. Mallory »Duracell«), dazu Anschluß-Clips. Alternativ 6 Micro-Zellen in Serienschaltung, dazu Halterung
C9a	56 pF, keramisch, Toleranz nicht größer als 5%, mit 50 V belastbar
C9b	18 pF, ansonsten wie C9a
C10	Drehkondensator, 150 pF Maximal-Kapazität, Halbkreisplatten, Luft-Dielektrikum, Plattenabstand kann sehr gering sein (Miniatur-Ausführung)
R10	Kohleschicht-Potentiometer, 250 Ohm Maximal-Widerstand, linear, 0,1 W Belastbarkeit, ohne Gehäuse, hochwertige Ausführung
R13 bis 17	Ungewendelter Kohleschicht- oder Metallschicht-Widerstand (einheitlich), 100 Ohm, Toleranz 1% (!), 0,33 W Belastbarkeit
Ü	Balun-Übertrager 1:1, 12+12 Windungen, 0,25 mm CuL-Draht, bifilar verdrillt mit 3 Schlägen/cm, auf Amidon-Ringkern FT-37-72
C...	Soweit nicht anders angegeben, keramisch mit maximal 10% Toleranz sowie 50 V Belastbarkeit
R...	Soweit nicht anders angegeben, Kohleschicht ungewendelt mit maximal 10% Toleranz sowie 0,25 W Belastbarkeit

Bild 6-2: Bauteileliste zu Bild 6-1

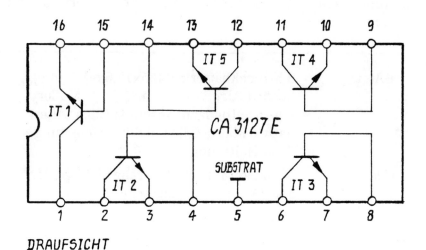

Bild 6-3: Schaltung und Pinbelegung des Transistor-Arrays CA-3127E (RCA)

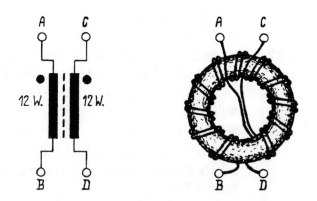

WICKLUNG AUS KUPFER/LACK-DRAHT (CuL), 0,25 mm
DURCHMESSER, BIFILAR VERDRILLT MIT 3 SCHLÄ-
GEN/cm DRAHTLÄNGE; AUF AMIDON-RINGKERN
FT-37-72

FREQUENZBEREICH 0,4...80 MHz

Bild 6-4: Schaltung, Ringkern-Wickelschema und Bemessung des Balun-Übertragers aus Bild 6-1

6.1 Schaltungsaufbau

Als aktive Komponenten dienen zwei ICs, von denen das Array IC1 aus fünf monolithisch integrierten Transistoren (IT1 bis 5) besteht. Der als Zener-Diode mit etwa 5,7 V Arbeitsspannung fungierende IT5 generiert ein sehr breitbandiges und in seinem Pegel nahezu uniformes sogenanntes weißes Rauschen. Dies ist das Meßsignal. Es wird vom Timer IC2 mit etwa 800 Hz getaktet und erhält auf diese Weise eine leicht identifizierbare »persönliche Note«. Die kaskadierten IT4 bis 2 arbeiten als Breitband-Rauschverstärker. Dieser Zug findet in IT1 als treibender Emitterfolger mit etwa 50 Ohm breitbandigem Ausgangswiderstand (am Knoten R12/13/15) seinen Abschluß. Rechts im Bild haben wir die als Brückenschaltung ausgeführte eigentliche Meßanordnung mit den beiden Brückenzweigen an den Platinenpunkten 2/02 respektive 3/03 sowie dem Auskoppelzweig an den Punkten 4/04. Das zu messende Objekt ist

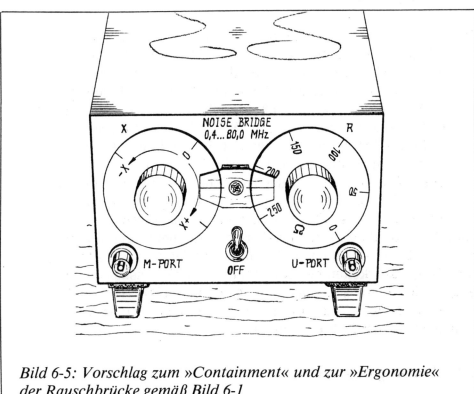

Bild 6-5: Vorschlag zum »Containment« und zur »Ergonomie« der Rauschbrücke gemäß Bild 6-1

an den U-Port, der einleitend als Indikator angesprochene Empfänger an den M-Port zu legen. Die diesen Ports zugeordneten beiden Steckerbuchsen BU1 und BU2 sind BNC-Elemente mit 50 Ohm Impedanz. Als Brückenglied C10 dient ein Drehkondensator mit Halbkreisplatten (!). Die im gegenüberliegenden Brückenzweig angesiedelte korrespondierende Kapazität C9 weist die Hälfte des C10-Maximalwertes auf. Als Brückenglied R10 verwenden wir ein gehäuseloses (kapazitätsarmes) Potentiometer; mit dem der Wirkwiderstand des Prüflings korrespondiert. Der Übertrager Ü ist ein 1:1-Balun in Leitungsausführung zur Symmetrierung des unsymmetrisch orientierten M-Ports bezüglich der balancierten Brückenstruktur. Weitere Hinweise zu den Bauteilen gehen aus den Bildern 6-2 bis 6-4 hervor; Bild 6-5 gibt Anregungen zum »Containment« und zur »Ergonomie«; und Bild 6-6 zeigt die X_C/X_L-Kalibrierkurve des Drehkondensators C10.

6.2 Meßanordnung

In Bild 6-7 sehen wir unseren Arbeitsplatz mit einer Rauschbrücke und dem Indikator-Empfänger. Das 50-Ohm-Kabel zwischen Brücke und RX sollte nicht länger als 30 cm sein. Der Empfänger muß eine der beiden »klassischen« Rundfunk-Modulationen A3E und F3E (AM bzw. FM) aufnehmen können; Messungen mittels Produkt-Detektor und BFO wie in SSB und CW sind inpraktikabel. Anhand eines AM-RX kommen wir mit Hörempfang des Rauschminimums zurecht, denn dem als Meßkriterium dienenden Breitbandrauschen unserer Brücke ist das Tonsignal überlagert; es geht aber auch ohne dessen Hilfe. Hingegen bedarf ein (begrenzender) FM-RX zwingend eines S-Meters oder ähnlichen Feldstärke-Indikators. Der Empfänger-Frequenzbereich muß beidseitig um mindestens 5% über den Antennen-Frequenzbereich hinausgreifen. Einstell-Ungenauigkeiten der RX-Frequenz dürfen insbesondere bezüglich der relativ schmalen unserer Bänder ±20 kHz nicht überschreiten; größere Toleranzen lassen sich mittels eines Eichmarkengebers in den Griff bekommen.

6.3 Messung des Baluns

In zweckmäßiger Arbeitsfolge folgt nun zunächst der Impedanz-

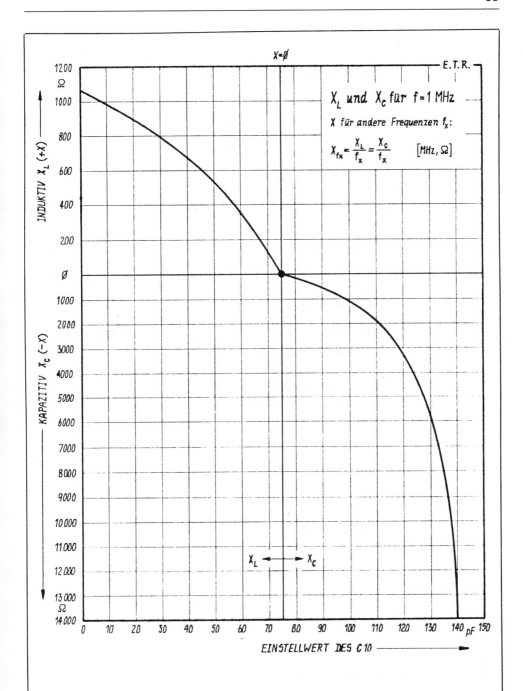

Bild 6-6: Kalibrierkurve zur X-Skala der Rauschbrücke 6-1

Check unserer weiter vorn angesprochenen Balun-Übertrager und der Längentrimm abgestimmter koaxialer Speiseleitungen; erst wenn diesbezüglich alles »stimmt«, können wir uns mit den Strahler-Elementen befassen. Einleitende Informationen zu den hier anstehenden Aufgaben sind in Bild 6-8 zusammengefaßt.

Balun-Check: Je nach Impedanz-Verhältnis Z1:Z2 unseres Baluns ist seine Z2-Seite (Port B/D) intern, d.h. an den Lötösen auf der

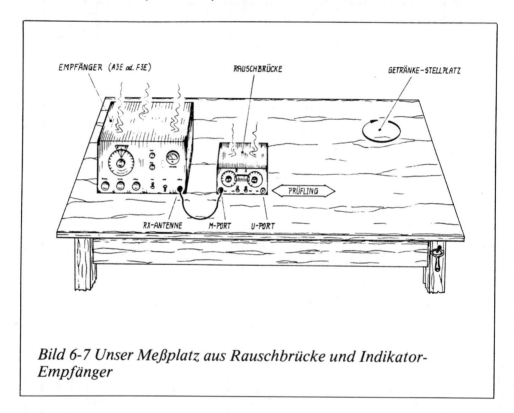

Bild 6-7 Unser Meßplatz aus Rauschbrücke und Indikator-Empfänger

Ringkern-Basisplatine, mit den Z2-spezifischen Dummy-Widerständen zu beschalten; bitte auf kürzeste Anschlußlängen achten. Die 50-Ohm — beziehungsweise 75-Ohm-Seite (Port A/C) wird über ihre Koaxialbuchse mittels eines 50-Ohm- respektive 75-Ohm-Koaxialkabels von nicht mehr als 30 cm Länge an den U-Port der Rauschbrücke gelegt; dieses Kabel ist U-Port-seitig mit einem 50-Ohm-Stecker zu versehen. Die Skalen der Brücke stellen wir in puncto R auf einen beliebigen ihrer Endwerte, bezüglich X auf ihren mittig angesiedelten Wert Null ein. Nun sind Brücke und Empfänger einzuschalten. Der RX ist grob auf den anstehenden Antennen-Betriebsbereich abzustimmen; falls der Balun in einem Multibandsystem fahren soll, messen wir in zwei Zügen sowohl im untersten als auch im obersten der vorliegenden Bereiche. Im Empfänger hören wir nun ein mehr oder minder starkes fast zischendes Rauschen — ähnlich dem beim Empfang unbelegter Frequenzen —, überlagert von dem schon angesprochenen NF-Ton. Bei der Messung nach Gehör wird jetzt die RX-Lautstärke auf das höchste erträgliche Maß gebracht; dieser Knopf bleibt dann im Zuge der Messungen »tabu«. Nun drehen wir die R-Skala der Brücke langsam durch und suchen den Punkt des schwächsten RX-Rauschens auf; er fällt relativ »scharf« aus. Der Skalenwert in Ohm gibt jetzt die A/C-Port-Impedanz an. Entspricht sie dem Sollwert 50 Ohm beziehungsweise 75 Ohm, so setzt unser Balun korrekt um. Bei den 1:1-Übertragern wird das der Fall sein. Dagegen können bei den Anordnungen für Zü 1:2,2 und 1:6 geringfügige, aber tolerierbare Abweichungen von bis zu 10% auf der R-Skala herrschen. Ist letzteres der Fall, so verdrehen wir ganz vorsichtig die X-Skala, da sich auf diese Weise das Rauschminimum eventuell noch etwas vertiefen läßt. Gelingt das, so ziehen wir auch noch den R-Steller heran und ermitteln mit R/X abwechselnd das absolute Rauschminimum mit dem R-Wert als Meßkriterium; der sicherlich nur geringfügig von Null abweichende X-Wert hat hier keine Bedeutung. Wenn unser Empfänger über ein S-Meter oder ähnliches Instrument verfügt, arbeiten wir einzig auf dessen Minimal-Ausschlag hin. Sollte sich das typische tiefe Rauschminimum, d.h. vergleichbar mit 4 S-Punkten (24 dB) mindestens auf den Kurzwellen an »Einbruch«, auch »ums Verrecken« nicht bewirken lassen, dürften die Verknüpfungen der Balun-Wicklungen fehlerhaft sein. Nach dem erfolgreichen Check sind die Geräte auszuschalten und die Dummy-Widerstände zu entfernen; letzteres bitte keinesfalls vergessen.

6.4 Untersuchung der Speiseleitung

Speiseleitungs-Längentrimm: Wir werfen zunächst wieder einen informierenden Blick auf Bild 6-8; die Dummy-Widerstände sind nun allerdings überflüssig. Dann ist der Balun-Port B/D an seinen internen Lötösen kurzzuschließen (!). Der gesamte nun folgende operative Modus wird von dem in Bild 6-9 vorgestellten Beispiel für das 20-m-Amateurband gemäß der einleitenden Basiswerte stüt-

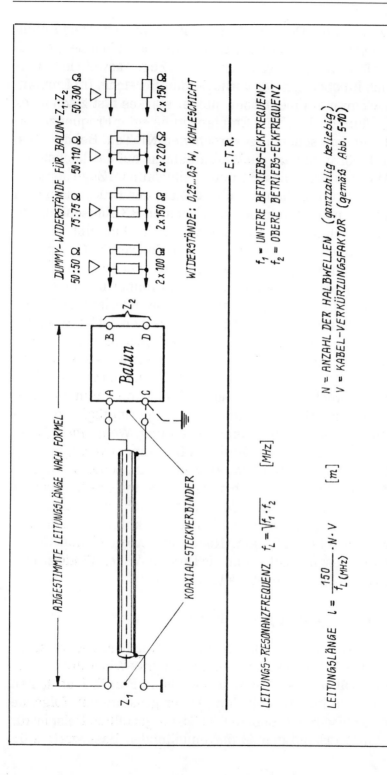

Bild 6-8: Schaltschemata und Definitionen zum Balun-Check und Speiseleitungs-Längentrimm

zend beschrieben. Entsprechend dem zweiten Bildblock ermitteln wir f_L, l und l+. Das abgelängte Koaxial-Speisekabel ist beidseitig mit den spezifisch erforderlichen Steckern, d.h. am Z1-Port einem 50-Ohm-BNC-Element für die Rauschbrücke, zu versehen und dann an den Balun beziehungsweise den U-Port der Brücke am Meßplatz Bild 6-7 zu legen. Diese Speiseleitung strecken wir mit mindestens einem Meter Bodenfreiheit beliebig aus. Nun sind Empfänger und Rauschbrücke einzuschalten, die Brückenskalen auf R=0 und X=0 einzustellen sowie die Empfangsfrequenz für Rauschminimum abzustimmen. Die so gewonnene RX-Frequenz entspricht der f_L im dritten Block Bild 6-9. Demnach ist die Leitung zu lang (typisch bei unserem Verfahren). Mithin sind F- und l_K zu errechnen sowie das Kabel entsprechend zu verkürzen. Nun orientieren wir uns gemäß des vierten Blocks Bild 6-9, und folgen »kabelverkürzendenderweise« mit der RX-Abstimmung, bis das Rauschminimum auf die f_L fällt. Die Brückenskalen dürfen im Zuge der Messungen nicht verstellt werden. Nach erfolgreichem Beenden des Längentrimms sind die Geräte auszuschalten und der Kurzschluß des Balun-Ports B/D aufzuheben; insbesondere letzteres nicht vergessen. Gemäß dem fünften Block Bild 6-9 ergibt sich die Einfügungsdämpfung A_{iL} unserer aus Kabel und Balun gebildeten abgestimmten Speiseleitung.

Leitungen für Multibandbetrieb sind zunächst auf allen anstehenden Bereichen gemäß des zweiten Blocks Bild 6-9 durchzumessen. Entsprechend des dritten Blocks werden sich sehr wahrscheinlich spezifisch unterschiedliche F-Werte einstellen. Aus ihnen bilden wir einen gemeinsamen Mittelwert, nötigenfalls unter besonderer Berücksichtigung bestimmter Bandabschnitte. Die letztlich resultierenden f_L sind zu notieren und für den Strahler-Längentrimm als Kriterien heranzuziehen.

Nach dem Abschluß der Leitungsarbeiten können wir das Balun-Gehäuse gemäß Abschnitt 5 hermetisch versiegeln. Beim Einsatz eines der 1:1-Übertragers empfiehlt es sich jedoch, dessen Lötösen A/C zuvor mit einem induktionsarmen (ungewendelten) Kohleschicht-Widerstand von 0,1 bis 0,5 MOhm/1 W als galvanische Verbindung zu überbrücken, denn auf diese Weise werden statische Aufladungen des mit dem Punkt-A-Leiter verknüpften und anderenfalls »hoch«liegenden Dipolschenkels unterbunden. Diesen Widerstand können wir unbedenklich mit mindestens 0,25 kW Hoch-

Arbeitsbasis:

20-m-Amateurband 14,00 bis 14,35 MHz, Leitungslänge in Lambda/2 N = 2, Kabel RG-8/X mit V = 0,8 (Bild 5-10), Kabeldämpfung (A_{iK}) 0,2 dB/10 m (Bild 5-11)

Leitungs-Resonanzfrequenz:

$f_L = \sqrt{f1 \cdot f2} = \sqrt{14 \cdot 14{,}35}$ ergibt 14,17 MHz

Erforderliche Leitungslänge:

$l = 150/f_L \cdot N \cdot V = 150/14{,}17 \cdot 2 \cdot 0{,}8$ ergibt 16,94 m

Länge plus 10 Prozent:

$l+ = l \cdot 1{,}1 = 16{,}94 \cdot 1{,}1$ ergibt 18,6 m

Gemessene f_L (angenommen):

$f\underline{L} = 13{,}6$ MHz = zu niedrig $\hat{=}$ Leitung zu lang

Verkürzungsfaktor:

$F\text{-} = f\underline{L}/f_L = 13{,}6/14{,}17 = 0{,}96$

Notwendige Kabellänge:

$l_K = l+ \cdot F\text{-} = 18{,}6 \cdot 0{,}96$ ergibt 17,86 m

Kontrolle und Korrektur: Wir messen die nun anstehende f_L. Sie kann immer noch etwas zu niedrig ausfallen, was weiteres, aber nur geringes Verkürzen des Kabels notwendig macht.

Kabeldämpfung

$A_{iK} = A_i/10\,m \cdot l_K/10$
$= 0{,}2 \cdot 17{,}86/10$
$= 0{,}2 \cdot 1{,}88$ ergibt 0,36 dB

Balun-Dämpfung:

$A_{iB} = 0{,}3$ dB (erfahrungsgemäß)

Leitungsdämpfung total:

$A_{iL} = A_{iK} + A_{iB} = 0{,}36 + 0{,}3 = 0{,}66$ dB;

das entspricht etwa 14 Prozent Energieverlust auf der Speiseleitung.

Bild 6-9: Arbeitsmodus zum Speiseleitungs-Längentrimm, exemplarisch für das 20-m-Amateurband (siehe Text)

frequenz fahren; und von seinem hohen Wert her sind auch Empfindlichkeits-Einbußen angeschlossener Empfänger durch zusätzliches Rauschen ausgeschlossen.

Wir haben zu beachten, daß der Balun-Port C abgestimmter Speiseleitungen — im Gegensatz zu den beliebigen langen — nicht geerdet werden darf, denn anderenfalls »degeneriert« die Anordnung zu dem für das Strahler-Einmessen ungeeigneten beliebig langen Typus.

In Fällen der Kombination zweier Multiband-FD-Antennen gemäß der Bilder 3-4 und 3-5 benötigen wir für den Strahler-Längentrimm eine jeweils spezifisch abgestimmte Speiseleitung. Praktisch bedeutet das lediglich zwei unterschiedlich bemessene Koaxialkabel, da der Balun uneingeschränkt beiden Strahlern zu dienen vermag. Im späteren Funkbetrieb werden wir einzig die Anordnung mit dem größeren »Pluralismus« fahren; sie wirkt für die »Außenseiter«-Bänder (jetzt zulässig) unabgestimmt.

6.5 Längentrimm der Strahler

Nun zum Längentrimm unserer Dipole. Diese Arbeit verrichten wir für feste Installationen unmittelbar in deren Position, dagegen bei Anordnungen für den Portabelbetrieb besser vorab und sozusagen einmalig universell an einem Ort »statistisch durchschnittlichen Charakters«. Als Mittel zum Zweck dient uns wieder der Meßplatz gemäß Bild 6-7.

Dipol-Längentrimm: Zur allgemeinen Information werfen wir zunächst einen Blick auf Bild 6-10. Die spezifisch formelgerecht und bei Multibandern für den untersten der anstehenden Bereiche bemessenen Dipollitzen werden gemäß der Bilder 5-5 und 5-7 am Balun-Gehäuse endgültig, am jeweils entgegengesetzten Ende dagegen nur provisorisch befestigt. Dann riggen wir den Strahler mitsamt angehängter Speiseleitung entsprechend den vorgesehenen operativen Konstellationen und legen den BNC-Kabelstecker des Z1-Ports (Bild 6-8) an den U-Port der Rauschbrücke unseres Meßplatzes. Nun sind Brücke und Empfänger einzuschalten. Letzterer ist möglichst genau auf die spezifisch anstehende Resonanzfrequenz f_L der Speiseleitung abzustimmen und für die Dauer der Mes-

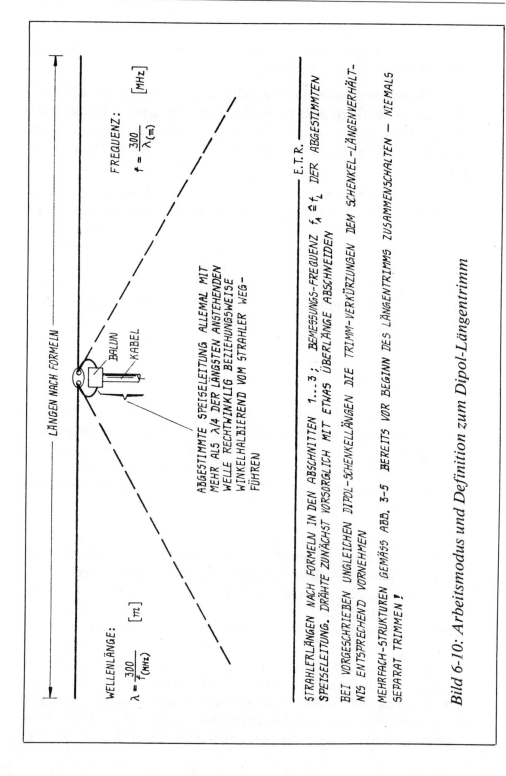

Bild 6-10: Arbeitsmodus und Definition zum Dipol-Längentrimm

sungen zu belassen; diese Meßfrequenz muß zudem praktisch frei sein von Sendersignalen jeglicher Couleur. Mittels der beiden Brückenskalen stellen wir in gewohnter Weise das absolute RX-Rauschminimum ein. Zeigt die X-Skala einen negativen (-X) Wert, so ist der Strahler zu kurz ausgefallen; bei einem positiven (+X) Wert haben wir dagegen etwas Überlänge; unser Bemessungsmodus läßt letzteres erwarten. Wir verkürzen die Dipolschenkel nun gleichmäßig und dermaßen, daß das absolute Rauschminimum bei $\pm X = 0$ als Resonanz-Kriterium erscheint. Der von der Brücken-R-Skala abzulesende Wert zeigt die Z1 beziehungsweise die transformierte Z2 auf. Damit ist unsere Antenne elektrisch ready for operation. Oberwellen-Resonanzen und -Impedanzen messen wir mittels der RX-Frequenzabstimmung und des Brücken-R-Stellers durch Aufsuchen des absoluten Rauschminimums, wobei die Brücken-X-Skala allemal auf $\pm X = 0$ stehen muß. Schließlich werden die Geräte ausgeschaltet, der Strahler heruntergelassen, seine Schenkel auch an ihren äußeren Enden »endgültig zugerichtet« und die Litzen-Endpunkte gemäß Abschnitt 5 sorgfältig versiegelt. Nötigenfalls ist der BNC-Koaxialstecker an der Z1-Seite der Speiseleitung gegen einen TX/RX-»passablen« auszutauschen. Nunmehr können wir unsere Antennenanlage endgültig in ihre operative Position bringen.

Worldwide DX at any time.
DX with low-cost equipment.
QRV for wilderness operation.
There you are! So long...

Special 4: Antennenführer

Zusammengestellt von Reinhard Birchel, DJ9DV, mit einem Antennenlexikon von K.H. Hille, DL1VU; 116 Seiten mit zahlreichen Abb. und Tabellen, Großformat 21 x 27,5 cm, 1985, **19,80 DM**

Mehr als 160 verschiedene, derzeit auf dem Markt befindliche Antennen werden im vierten Band der Special-Reihe beschrieben und mit ihren wichtigsten technischen Daten, dem Preis, der Bezugsquelle sowie der Herstelleradresse vorgestellt. Als Nachschlagewerk gibt ein kurzgefaßtes Antennenlexikon zu den wichtigsten Stichworten Auskunft.

Aus dem Inhalt:

KW-Antennen bis 30 MHz; Dipole, Mobil-, Vertikal- und Richtantennen
VHF-Antennen bis 150 MHz; mobil und stationär
UHF/SHF-Antennen bis 1300 MHz; mobil und stationär
Kombi- und Breitbandantennen
Empfangsantennen; aktiv und passiv
Masten und Rotoren
Zubehör

Special 5: Amateurfunk-Diplome

Zusammengestellt von Rainer Schlotbohm, DL3YCJ; ca. 240 Seiten mit vielen Karten, Tabellen und Abbildungen, Großformat 21 x 27,5 cm, **erscheint im Frühjahr 87**, *ISBN 3-88976-013-9* .... **36,00 DM**

Amateurfunkdiplome sind nicht nur für lizenzierte Funkamateure, sondern auch für Kurzwellenhörer begehrenswerte Schmuckstücke für das Shack. Mehr als 200 solcher Diplome aus aller Welt wurden mit Ausschreibungsbedingungen, Gebühren und den Adressen der Diplommanager zusammengetragen. Praktische Tips beantworten Fragen, wie und wo Diplome beantragt, bezahlt und versandt werden.

Aus dem Inhalt:

Diplomausschreibungen des DARC
Diplomausschreibungen der DIG
Diplomausschreibungen der Deutschen Interessenverbände und deren Funkamateure
Europäische Diplome
Diplome aus Afrika, Nord-, Mittel- und Südamerika, Asien, den arabischen Ländern, Australien und Neu Seeland